十二五高等院校
艺术设计规划教材

浙江省重点教材建设项目

Photoshop
CS5

图像处理
项目化教程

王丽芳 编著

U0143805

人民邮电出版社

北 京

图书在版编目（ＣＩＰ）数据

Photoshop CS5图像处理项目化教程 / 王丽芳编著
. -- 北京：人民邮电出版社，2014.6
现代创意新思维"十二五"高等院校艺术设计规划教
材
ISBN 978-7-115-34083-2

Ⅰ．①P… Ⅱ．①王… Ⅲ．①图象处理软件－高等职
业教育－教材 Ⅳ．①TP391.41

中国版本图书馆CIP数据核字(2014)第030247号

内 容 提 要

本书全面讲解了 Photoshop 与平面设计有关的各项技术，充分展示其创意的效果和艺术的欣赏价值。

本书共 5 个模块，第一个模块是 Photoshop CS5 的应用基础，第二个到第五个模块按"从简单到复杂，从单一到综合"的原则，划分为图片处理、图形类平面作品制作、立体类平面作品制作、图像特效类平面作品制作四个模块来提炼 Photoshop CS5 的四大亮点。模块中精选了照片后期创意设计、艺术照片处理、公益海报设计、商业包装设计、网页界面设计等五个使用频率较高的广告类型，采用了按照"专业基础—应用基础—项目应用—学习拓展"这一思路，全面剖析平面设计流程与 Photoshop 软件操作技能。使用户循序渐进地掌握由简单绘制到深入强化的图像处理技能。

本书是一本重在系统讲解由"软件技术、专业知识与工作流程"为一体的知识体系，解决现实教育与实际项目脱节问题的创新思想书籍。

本书内容丰富、案例实用、结构新颖、讲解通俗易懂，适合作为高等院校艺术设计专业和相关专业的教材，也可作为广大从事计算机平面广告设计和艺术创作工作者的培训教材。

◆ 编　著　王丽芳
责任编辑　王　威
责任印制　杨林杰

◆ 人民邮电出版社出版发行　　北京市丰台区成寿寺路 11 号
邮编　100164　电子邮件　315@ptpress.com.cn
网址　http://www.ptpress.com.cn
北京鑫丰华印刷有限公司印刷

◆ 开本：880×1230　1/16
印张：13.5　　　　　2014 年 6 月第 1 版
字数：354 千字　　　2014 年 6 月北京第 1 次印刷

定价：65.00 元（附光盘）

读者服务热线：（010)81055256　印装质量热线：（010)81055316
反盗版热线：（010)81055315

前言
Preface

　　高速信息化的今天，电脑绘图无疑是平面广告的主流形式，Photoshop 软件是世界顶尖级的图像设计与制作工具软件之一。它在设计界的地位举足轻重，甚至让很多设计师认为"只有你想不到，没有 Photoshop 做不到"，可谓独领风骚，深得广告设计师们的厚爱。Photoshop 强大的功能使其成为各类设计的基础软件，它可以在摄影行业、图文印刷行业、视觉传达艺术设计、影视动画设计、环境艺术设计后期处理、产品造型设计后期处理和服装设计后期处理中扮演重要角色。

　　目前设计行业中有不少设计人员，设计能力和水平也很高，但艺术设计人才仍存在"巨大泡沫"，一方面很多高校毕业生就业困难，而另一方面很多企业却因为缺乏高水平的设计专业人才而导致岗位缺员。针对目前有些设计师灵感创意不绝，但却不会熟练运用工具发挥创意或者具有娴熟的软件操作技能，却又欠缺一定的设计理念与艺术嗅觉等问题。本书根据相应平面设计岗位的职业能力要求，结合具体的工作任务的要求，有明晰的工作和学习任务，确定了图片处理、绘图类平面作品制作、立体类平面作品制作、图像特效类平面作品制作四个模块来划分，提炼 Photoshop CS5 的四大亮点，解决平面设计专业知识与软件技能相脱节问题。

　　我们对本书的体系结构做了精心的设计，按"从简单到复杂，从单一到综合"的原则，按照"专业基础——应用基础——项目应用——学习拓展"这一思路进行编排。在每一个项目案例开始之前，先介绍该项目的特点种类、设计原则和注意事项等设计基础常识，接着按照"项目"和"任务"组织教学内容，每个项目又分成 2~4 个子任务。每个项目的开头提出"项目背景描述、任务目标、任务要求、设计流程、操作要点分析"等设计概述，这些项目保留了实际项目的真实性，有清晰的工作任务和成果展示，保留实际工作过程，具有真实的市场价值，同时又对这些项目进行了教学需要的改编，在原项目的基础上进行了删减与扩充。在进行详细的制作步骤后，在通过拓展项目、经验总结和优秀作品欣赏等学习拓展栏目，而且每章都附有实践性较强的与本单元技能同步的习题，可以供学生上机操作时使用，帮助学生进一步巩固基础知识；本书的参考学时为72学时；其中实践部分为46学时，各章的参考学时参见下面的学时分配表。

章节	课程内容	学时分配	
		讲授	实训
第1章	Photoshop CS5应用基础	2	2
第2章	图片处理	8	8
第3章	图形类平面设计	8	12
第4章	立体效果类平面设计	4	8
第5章	网页界面设计	4	16
课时总计		26	46

【本书特色】

本书是由资深平面设计专家精心策划与编写，有其自己新颖的栏目与结构安排具，具体特色归纳如下。

● 教材结构新颖，结合信息图形传达制作流程，突破教材"章"和"节"的束缚。

本书各个项目案例均有四部分组成，第1部分从行业广告类别的特点为用户提供了全面而专业的行业资讯；第2部分全面详尽地解说项目所需要用到的全部操作技能，是根据软件技能的操作特点来分类设计项目，解决了不同项目中技能易出现的技能单一片面的问题。第3部分先对项目案例的"项目背景描述、设计思路、制作流程、操作要点"等进行分析后，图文并茂一步一步地传授实战设计过程；第4部分是对项目的应用领域提供更多的学习延伸，展示部分代表性优秀作品并分析的设计思路，在巩固知识之余可以举一反三地激发设计创意。

● 教材按照"项目导向、任务驱动的理念"，体现"工学结合"的特点。

教材中每个任务的平面设计作品载体均源自企业或上市的典型案例，与设计实际项目对接，工学结合紧密，既有实际工作过程，又具有真实的市场价值。而且对这些项目进行了教学需要的改编，在原项目的基础上进行了删减与扩充。同时企业的技术人员将参与本教材内容的编写与校核。教材中体现的工作知识和工作能力对读者职业生涯的发展是非常有帮助的。

● **立体化教材提高教学效果。**

　　本教材采用项目教学的教学方法的教材，教材包含项目素材光盘与多媒体语音视频教学。随书光盘提供了全书的练习文件和素材，读者可以使用这些文件跟随教材学习。本书配备了PPT课件、教学大纲、课程设计等丰富的教学资源，任课教师可到人民邮电出版社教学服务与资源网（www.ptpedu.com.cn）免费下载使用。

　　本书由金华职业技术学院的王丽芳副教授担任主编，感谢本书前期策划吴熊彪给于教材框架指导，同时对本书参编工作的范丽青、邹翔、孔德时、程立珂、华玉亮、郑茜、黄雪峰、杨军武、颜佐宁、李悦、朱雷鸣、朱红星、张珊珊、吴旻、夏洲等，以及杭州泉摄影艺术机构、金华唐风艺术设计工作室、金华圆周率电子科技有限公司、金华盛世信息科技有限公司等的企业提供的参编实际案例，在此表示诚挚的感谢！

　　由于作者水平有限，书中难免存在错误和不妥之处，敬请广大读者批评指正。

编　者
2014 年 3 月

目录

第 1 章

第 2 章

Photoshop CS5
Contents

第 5 章

网页界面设计　146

第1章
Photoshop CS5 应用基础

1.1 Photoshop CS5 概述

当今社会信息技术极速发展，我们正处于一个视觉的时代，图像在这个时代中充斥着我们生活的每一个角落，并显示出代替文字的潜力。而Photoshop软件正是世界顶尖级的图像设计与制作工具之一。在历经近20年的发展，Adobe Photoshop CS5已经成为Adobe Design Premium CS5设计套装中的一员猛将，是一种可以用于MAC和PC平台上的图像处理软件。它在广告设计界的地位举足轻重，甚至让很多设计师认为"只有你想不到，没有Photoshop做不到"，不管是移花接木还是颠倒黑夜，任何创意它都能实现。通过高级合成图层和混合技术，以及大量梦幻滤镜特效和完美的编辑组，再加上精简的操作界面，也不仅应用于专业的摄影作品的后期处理，而且还能打造绚丽夺目的优秀平面设计作品。

Adobe Photoshop CS5的应用领域非常广泛，它在摄影行业、平面设计、产品设计、环境艺术设计、效果图后期处理和动漫设计后期处理中扮演重要角色。在平面广告设计方面，Photoshop无疑是软件中的佼佼者，可谓独领风骚，深得广告设计师们的厚爱。本书根据相应平面设计岗位的职业能力要求，按"从简单到复杂，从单一到综合"的原则，确定了图片处理、绘图类平面作品制作、立体类平面作品制作、图像特效类平面作品制作四个模块来划分，概述Photoshop CS5的四大亮点。

1.1.1 图片处理

Photoshop的新版本越来越直接针对摄影行业，并为摄影服务，增加了许多摄影师急需的功能，并且直接用摄影语言来表达，如镜头校正、镜头模糊、合并高动态画面、色温滤镜等。在专业摄影图片处理中非常重要的一点就是选择的艺术，选择色彩、影调、明暗、像素、素材等制作选区，没有选区，再好的想法也无法实现。另一个难点就是必须掌握色彩原理。Photoshop的研发者已经根据色彩学原理，将高深、抽象的色彩用一目了然的窗口方式演示，为我们编辑色彩世界创造了条件，使我们可以随心所欲地管理色彩，如图1.1.1所示。

图 1.1.1 刘宽新摄影作品

1.1.2 图形绘制类平面设计

从Photoshop 6.0以后Photoshop就弥补了自身绘图方面的不足。Photoshop CS5提供了许多绘图工具，通过对绘图工具选项栏的大小、颜色、形状及样式进行设定，可以绘制出各种规则或不规则图形，还可结合图层中的混合模式制作各种绘图类的平面设计作品。当然，用户还可以通过Photoshop CS5中的自定义形状来快速绘制出各种自定义图形。如图1.1.2所示。

图 1.1.2

1.1.3 立体效果类设计制作

Photoshop CS5可以通过图层样式、路径工具完成各种图形的制作，使其成为各种规则或不规则的产品的立体造型，并且进一步完成仿真效果。特别是运用Photoshop表现不同商品的包装材料的仿真绘制方法，如纸质材料、塑料、玻璃、木材、金属、面料等包装材料立体效果的制作，如图1.1.3所示。

图 1.1.3

1.1.4 图像特效类设计与制作

图像特效是Photoshop CS5数码制作的高级阶段，是一个复合型交叉技术，综合性较强，也最能体现设计师的理念。利用Photoshop CS5为图像添加文字、语音注释及各种滤镜特效、构思、组织拍摄、创意合成等可以使设计作品更专业、更有创造力，是对设计师全面素质的考核，也是对学习Photoshop技术的综合检验。利用Photoshop制作图像的效果如图1.1.4所示。

图 1.1.4

1.2 Photoshop CS5 的基础操作

1.2.1 进入Photoshop CS5软件系统

下面我们来了解进入Photoshop CS5软件系统的几种方法。

启动计算机，进入Windows2000系统界面。确保计算机中安装了Photoshop CS5软件，单击Windows界面左下角的 **开始** 按钮，在弹出的【开始】菜单中选取【程序】/［Adobe Photoshop CS5］命令。稍等片刻即可进入Adobe Photoshop CS5软件系统的工作窗口。

启动Adobe Photoshop CS5软件系统也可用以下方法。

- 通过双击界面上的快捷方式图标来启动Adobe Photoshop CS5软件系统。
- 双击计算机已保存Adobe Photoshop文件，进入Adobe Photoshop CS5软件系统。

1.2.2 Photoshop CS5操作界面

启动Photoshop CS5应用软件后，我们即可进入Photoshop的神奇世界，充分发挥我们的想象。现在先让我们以"基本功能"为例，详细地了解Photoshop CS5的界面组成。如图1.1.5所示。

图1.1.5

1 标题栏

标题栏位于界面的最上方，该栏将一些较为常用的功能以按钮的形式排列于一行，这是Photoshop CS5中出现的一大特色，更有利于辅助用户进行图像编辑与设计。当程序窗口最大化显示时，辅助工具栏将与菜单栏同处一栏；在标准屏幕模式下，标题栏会浮于菜单栏的最上方。如图1.1.6所示。

图1.1.6

- ◾ 程序LOGE按钮：单击鼠标左键，可以在弹出的下拉菜单中执行移动、最大化、最小化及关闭该程序等操作。
- ◾ 启动Bridge按钮：可以打开【Adobe Bridge】程序窗口，它具有快速预览和组织文件的功能，还可以显示图形、图像的附加信息、排列顺序等属性。

- |Mb| 启动Mini Bridge按钮：可以打开【Mini Bridge】面板通过它可以方便地访问很多Adobe Bridge功能，这也是Photoshop CS5新增扩展功能。

- 查看额外内容按钮：可以打开下拉列表，以便用户设置显示或隐藏"参考线"、"网格"和"标尺"等辅助工具。

- 33.3 缩放级别按钮：用户可以在【缩放级别】文本框中输入显示比例，然后按Enter键；也可以单击按钮打开下拉列表，选择合适的预设显示比例选项。

- 排列文档按钮：当Photoshop CS5程序中同时打开多个文档时，可以单击此按钮打开下拉列表，选择一种文档排列方式，将文档以选项卡的形式排列在文档编辑区中。此外，还能根据文档的像素、屏幕大小等条件来显示文档内容。

- 屏幕模式按钮：可以打开下拉列表，从中选择一种屏幕显示模式。

2 菜单栏

菜单栏位于标题栏的下方，主要包括11个菜单，如图1.1.7所示。单击其中任何一个都会弹出相应的下拉子菜单，利用这些下拉子菜单命令可以完成大部分的图像编辑处理工作。若菜单栏中某些菜单命令显示为灰色，则表示该命令在当前状态下不可使用。

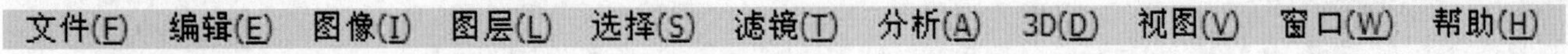

| 文件(F) | 编辑(E) | 图像(I) | 图层(L) | 选择(S) | 滤镜(T) | 分析(A) | 3D(D) | 视图(V) | 窗口(W) | 帮助(H) |

图1.1.7

- 【文件】菜单：包含了对文件进行常用操作的命令，如新建、打开、存储、导入、导出文件，以及对文件进行页面设置及打印页面等命令。

- 【编辑】菜单：包含了对文件进行编辑及软件相关配置的命令，如还原、剪切、复制、粘贴、查找和替换文本等标准编辑命令，以及对颜色进行设置，调整键盘快捷键和自定首选项等命令。

- 【图像】菜单：包含了对图像进行各种操作的命令，如更改图像显示模式、调整图像颜色、更改图像及画布大小、应用图像和裁切图像等命令。

- 【图层】菜单：包含了对图层进行相关操作的命令，如新建、复制、删除、隐藏与显示、排列、对齐、合并图层，以及调整图层的颜色属性和更改图层样式等命令。

- 【选择】菜单：包含了对图形对象进行选择及进行相关编辑的命令，如对图形对象和图层进行选取、修改选择区域、将选区存储为通道以及载入选区等命令。

- 【滤镜】菜单：包含了对图像进行的各种艺术效果处理的命令。如对图像进行风格化、画笔描边、模糊、扭曲、锐化、像素化以及渲染等命令。

- 【分析】菜单：包含了用于技术图像分析和编辑的强大工具，如标尺工具、计数工具等。

- 【3D】菜单：包含了从3D文件新建文件、3D绘画模式、合并及导出3D图层等命令。

- 【视图】菜单：包含了对屏幕显示进行控制的命令，如放大和缩小图像显示比列、更改屏幕显示模式以及为工作区添加标尺、网格、参考线等辅助工具。

- 【窗口】菜单：包含了对软件操作界面中各种面板窗口的显示，以及自定工作区显示样式等命令。

- 【帮助】菜单：包含了有关Photoshop CS5的各种帮助文档及在线技术支持等命令。

③ 属性栏

属性栏位于菜单栏的下方，在工具箱中选择不同的工具，属性栏会出现相对应的工具的参数设置，当在工具箱中选择不同的工具按钮时，属性栏中显示的内容和参数也各不相同。如图1.1.8所示。

图1.1.8

④ 工具箱

工具箱的默认位置位于工作界面的最左侧，当用户按住其上方的深灰色区域进行拖曳时，可以将工具箱移至工作界面的任意位置。

工具箱中的工具是Photoshop CS5系统中各种图形绘制、图像处理和编辑工具的集合，学会使用这些工具是利用Photoshop CS5进行设计工作的第一步。用鼠标左键按住工具箱中有小三角的工具图标不放，则会出项隐藏的其他工具按钮。如图1.1.9所示。单击工具栏面板上方的 ▸▸ 按钮，可以任意将工具栏切换成为单栏显示。要想恢复双栏显示，则单击 ◂◂ 按钮即可。

> **小提示 Tips**
>
> 显示/隐藏工具箱可以使工作区域变大一些。在菜单中执行[窗口]/[工具]命令，则可以选择显示/隐藏工具箱；也可以按Tab键同时显示/隐藏工具箱、属性栏、控制面板和图像窗口。按快捷键Shift+Tab，则显示/隐藏控制面板。

图1.1.9

⑤ 控制面板

在Photoshop CS5软件系统中提供了24种控制面板，它们的默认位置位于工作界面的最右侧，它可以帮助用户监视并进行修改工作。默认情况下可以显示一部分面板，不过用户可以通过从【窗口】菜单中选择不同的命令，并将其添加到指定的面板组中。如图1.1.10所示。将鼠标光标移至任意一控制面板上方的选项卡，例如

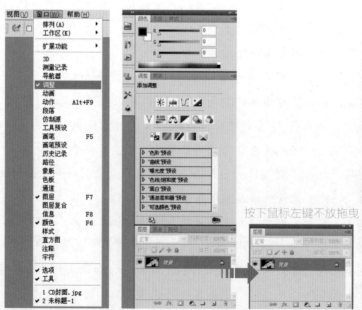

按下鼠标左键不放拖曳

图1.1.10　　　　　　图1.1.11　　　　　　图1.1.12

"图层"选项卡上，按下鼠标左键不放并向界面中的任意位置拖曳。释放鼠标后即可完成版面的拆分，且被拆分的版面将出现在刚才释放鼠标的位置。如图1.1.11所示。

另外，单击控制面板上方的 按钮，可以将控制面板折叠为图标效果。再单击 按钮，则可重新展开面板。如图1.1.12所示。

6 状态栏

Photoshop CS5状态栏位于操作界面中图像窗口的最底部，用于显示当前的工作信息。状态栏共由三部分组成，最左侧的文本框用于调整图像的显示比例。最右侧的区域用于显示单当前的操作状态以及使用工具的提示信息。而中间区域则用于显示当前图像的文件信息。单击该区域右侧的黑色小三角按钮，可弹出如图1.1.13所示的菜单，以便选择所需显示的文件信息。单击状态栏中间的灰色区域，则可显示当前图像的高度、宽度、通道信息和分辨率。如图1.1.14所示。下面对【显示】菜单中的各项命令进行介绍。

图1.1.13　　　　　　　　　　　　　图1.1.14

- Adobe Drive：显示文档的Version Cue工作状态。
- 文档大小：用于显示当前文档大小。其中左侧数据表示合并图层后的文件大小，右侧数据表示未合并图层时的文件大小。
- 文档配置文件：用于显示该图像文档的颜色及其他配置信息。
- 文档尺寸：用于显示图像文档的宽度和高度值。
- 暂存盘大小：用于显示该图像文档所占用的内存空间以及可供文档使用的内存总数。
- 效率：用于显示内存中正在进行的Photoshop任务与需要使用数据交换磁盘任务之比以百分数的形式来表示图像的可用内存大小。
- 计时：用于显示上一次操作所使用的时间。
- 当前工具：用于显示当前正在使用的工具。
- 32位曝光：使Photoshop CS5工作在32位曝光模式下。

1.2.3　Photoshop CS5环境优化设置

1. 切换与自定工作区

为了方便不同用户的使用习惯，Photoshop CS5除了在标题栏的右上方的辅助工具栏中提供了【基本功能】（默认工作区）外，还提供【CS5新增功能】、【基本功能】、【3D】等10种工作区。每种工作区模式都针对不同用户订做了最贴心的工作环境，例如【设计】工作区模式为平面设计师所独爱，而

【摄影】模式则为摄影发烧友做后期处理而钟情。总之，不同领域的用户可以根据不同的目的选择最合适自己的工作区，以便提高工作效率。

切换工作区的方法很简单，下面介绍从【基本功能】（默认工作区）切换至【摄影】工作区的方法。在标题栏的右上方的辅助工具栏中单击 按钮，然后选择【摄影】选项，如图1.1.15所示。打开如图1.1.16所示的【摄影】工作区。

如果在内置的工作区中没有符合自己工作需求的模式，可以拖动面板整合面板组，并通过【首选项】对话框对【常规】、【界面】、【文件处理】与【性能】等选项进行自定义编排。下面介绍自定义工作区的方法。

图1.1.15

1.选择【窗口】/【动作】命令，打开【动作】面板，将鼠标移至【动作】标题栏上，按下鼠标左键不放并拖曳至【路径】面板右侧，如图1.1.17所示。

2.在【动作】面板的标题栏上单击右键，在展开的快速菜单中选择【界面选项】选项，此时将打开【首选项】对话框并自动选择【界面】选项，在【常规】选项组中选择【用彩色显示通道】复选框，再单击【确定】按钮，返回并打开【通道】面板，即可看到原来的黑白显示已经变成彩色了，如图1.1.18所示。

图1.1.16

图1.1.17　　　　　单击鼠标右键　　　　　图1.1.18

小提示 Tips

选择[编辑]/[首选项]命令也可以展开图1.1.17所示的界面选项，以便进行各种首选项设置。

2.自定义键盘快捷键与菜单

Photoshop CS5中对大部分命令和功能都设置了快捷键，只要在键盘上按下几个按键即可快速执行某些命令或者实现某种效果。针对不同设计师的需求，Photoshop CS5允许用户对任意快捷键进行自定义设置，但前提是不能与现有的设置冲突。另外，由于各菜单展开的区域所限，Photoshop将部分不太常用的命令隐藏起来，用户可以自行指定所有菜单命令的可见性，甚至可以为其定义一种既定的颜色。下面先对"基本功能"工作区下【应用程序菜单】中的【新建】命令定义新的快捷键为Shift+Ctrl+M，然后将【剪切】命令的颜色设置为【红色】。

1.选择【编辑】/【键盘快捷键】命令，【打开键盘快捷键和菜单】对话框，在【键盘快捷键】选项卡中指定【快捷键用于】为【应用程序菜单】，接着在列表中展开【图层】选项，在【图层】项中单击现有快捷键，如图1.1.19所示。

2.按快捷键Shift+Ctrl+C作为定义的新快捷键，此时在快捷键的右侧会提示一个 图标，并在下方提示"Shift+Ctrl+C已经在使用"，并列出该组合为哪项命令的快捷键，如图1.1.20所示。

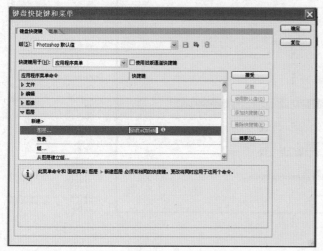

图1.1.19

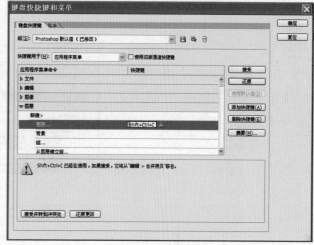

图1.1.20

3.再按X键，此时会在快捷键的右侧提示一个 图标，提示该组合键为无效的快捷键，并说明菜单命令的快捷键必须包括Ctrl和/或一个功能键。如图1.1.21所示。

4.按快捷键Shift+Ctrl+M，当没有多余的提示后，表明该快捷键可用，接着单击【接受】按钮接受新设置，如图1.1.22所示。

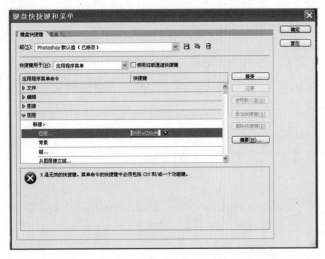

图1.1.21

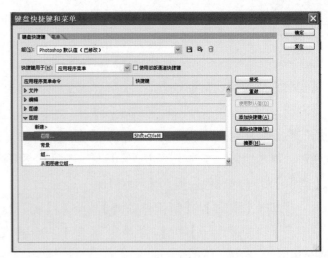

图1.1.22

5.切换至【菜单】选项卡，同样先指定要设置"菜单类型"为【应用程序菜单】，然后展开【编辑】选项，在"描边"命令项右侧单击【颜色】栏中的【无】选项，在展开的下拉列表中选择【红色】选项，最后单击【确定】按钮，完成自定义操作，如1.1.23所示。

6.返回Photoshop CS5的工作区中，打开【编辑】菜单项，可以看到【剪切】命令变成了红色，如图1.1.24所示。

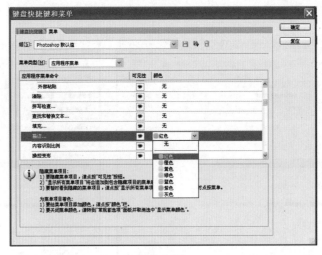

图1.1.23

图1.1.24

1.2.4　Photoshop CS5文件管理

文件管理是设计过程中的重要部分，如检查文件的尺寸、像素是否符合输出的标准，以及为修改的文件命名，以便今后更好地保存与管理。

1. 新建文件

选取菜单栏中【文件】/【新建】命令或按快捷键Ctrl+N，将弹出如图1.1.25所示的【新建】对话框。

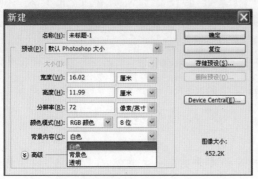
图1.1.25

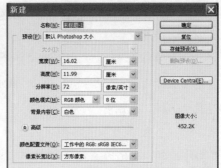
图1.1.26

【新建】对话框各选项说明如下。

- 【名称】选项：在此选项的右侧文本框中可以输入新文件的名称，系统默认为"未标题-1"。
- 【大小】选项：根据其下设置的新建文件参数自动生成的图像大小。
- 【预设】选项：在其右侧的下拉列表框中可以选择预先设置新建文件夹的尺寸，如A4、B5等，选择"自定义"选项，可以在下面的【宽度】和【高度】选项中自行设置尺寸大小。
- 【宽度】选项和【高度】选项：设置新建文件的宽度和高度值。可选择的单位有像素、英寸、厘米、毫米、点和派卡。
- 【分辨率】选项：设置新建文件的分辨率，其单位有"像素/英寸"和"像素/厘米"。
- 【颜色模式】选项：设置新建文件的模式，其右侧的下拉列表框中有"位图"、"灰度"、"RGB 颜色"、"CMYK颜色"和"Lab颜色"5个选项。一般情况下，我们选择RGB模式和CMYK模式。
- 【背景内容】选项：设置新建文件夹的背景层颜色。点选【白色】选项，新建一个背景层为白色的文件；点选【背景色】选项，新建一个背景层为工具箱中背景色的文件；点选【透明】选项，新建一个背景层为透明普通层文件。

若要进行深入的设置，可以单击【高级】按钮，展开如图1.1.26所示的【高级】选项组，然后从【颜色配置文件】下拉列表中选择一个颜色配置文件，或选择【不要对此文档进行色彩管理】选项。对于【像素长宽比】选项，除非是使用于视频的图像，否则可以选择【方形像素】选项，也可以选择另一个选项而使用非方形像素。

2. 打开与置入文件

Photoshop提供不同打开文件的方法。

1.打开文件

选取菜单栏中的【文件】/【打开】命令或按快捷键Ctrl+O，将弹出如图1.1.27所示的【打开】对话框。【打开】对话框中各选项说明如下。

- 【查找范围】选项：单击此选项右侧的 ∨ 按钮，可以在其下拉列表中搜寻要打开图形文件的路径。
- （转到访问的上一个文件夹）按钮：可以切换到刚才访问的文件夹，如果前面没有访问过文件夹，则此按钮为灰色。

图1.1.27

- （上一级文件）按钮：可以回到上一层文件夹，当【查找范围】选项窗口中显示为"桌面"选项时，此按钮不可使用。
- （创建新文件夹）按钮：可以在当前目录下新建一个文件夹。
- （"查看"菜单）按钮：决定【打开】对话框中的文件以何种形式显示，单击此按钮，可以在弹出的下拉列表中选择"大图标"、"小图标"、"列表"、"详细资料"和"略缩图"中的任一选项。
- 【文件名】选项：显示当前选择图像的文件名称。
- 【文件类型】选项：决定Photoshop软件可以打开的文件类型，主要包括"*.Psd"、"*.Bmp"、"*.gif"、"*.eps"、"*.jpg"、"*.ai"、"*.tif"等格式，一般情况下【文件类型】默认为"所有格式"。

2.指定打开文件所使用的文件格式

当一个图像文件的扩展名丢失无法正常显示，或者使用了与文件实际格式不匹配的扩展名存储文件时（例如用扩展名.gif存储psd文件时），可以使用【打开为】命打开它们。

选择【文件】/【打开为】命令或者按快捷键Shift+Ctrl+Alt+O均可打开【打开为】对话框，用户只要先选择要打开的文件，然后从【打开为】下拉列表中选择所需要的格式，最后单击【打开】即可将这一类文件打开。

小提示 Tips

如果文件不能打开，可能是因为选取的格式与文件的实际格式不匹配，或者文件已经损坏

3.打开智能对象

智能对象时包含位图和矢量图中的图像数据的图层。智能对象将保留图像的源内容及其所有的原始特性，从而让用户能够对图层进行非破坏性编辑。

选取菜单栏中的【文件】/【打开为智能对象】命令可以展开一个子菜单列表，从子菜单中选择一个文件，即可打开最近使用过的文件。

4.打开最近使用过的文件

选择【文件】/【最近打开文件】命令可以展开一个子菜单，从子菜单中选择一个文件，即可打开最近使用的文件。

1.2.5　存储文件

1. 文件的保存

文件的保存命令主要包括【文件】/【存储】和【文件】/【存储为】两种方式。对于新建的文件进行编辑保存，用【存储】和【存储为】命令的性质是一样的，都可以为当前文件起名称并保存。而对于打开的文件进行编辑再保存时，执行【存储】命令会将原文件覆盖，如果执行【存储为】命令时，则是将修改的图像另取一个文件名保存，同时保存原文件。如图1.1.28所示。存储为对话框各选项说明如下。

图1.1.28

- 【保存在】选项：单击此选项右侧的 ☑ 按钮，可以在其下拉列表中搜寻要保存的图形文件的路径。
- 【作为副本】选项：将所编辑的文本保存为文件的副本，且不影响原文件。
- 【注释】选项：当所编辑的文件中有注释时，此选项决定是否将注释保存。
- 【Alpha通道】选项：当所编辑的文件中有Alpha通道时，此选项决定是否将其保存。
- 【专色】选项：当编辑的文件中有专色通道时，此选项决定是否将其保存。
- 【图层】选项：当编辑的文件中有很多个图层时，此选项决定文件是分层保存还是合并为一个层保存。
- 【颜色】选项：为保存的文件配置颜色信息。
- 【缩览图】选项：为保存的文件创建缩览图，默认情况下Photoshop软件自动为其创建。
- 【使用小写扩展名】选项：用小写字母创建文件的扩展名。

小提示 Tips

按快捷键 Ctrl+S 可以直接保存，按快捷键 Shift+Ctrl+S 可以弹出【存储为】对话框。

2. 常用文件格式

Photoshop软件支持很多种图像文件格式。下面来讲几种常用的，了解各种文件格式的功能和用途有助于对图像进行编辑、保存和转换。

- PSD格式：这是Photoshop软件的专用格式。它能保存图像数据的每一个小细节，可以存储成RGB或CMYK格式的色彩模式，能自定义颜色数目进行存储。它可以保存图像中各图层中的效果和相互关系，各层可以单独进行修改和制作各种特效。其唯一的缺点是存储的文件特别大。
- BMP格式：这也是Photoshop最常用的点阵图格式之一，支持多种Windows和OS/2应用程序软件，支持RGB、索引颜色、灰度和位图颜色模式的图像，但不支持Alpha通道。
- TIFF格式：这是最常用的图像文件格式。它既能用于MAC也能用于 PC。这种格式的文件是以RGB的全彩色模式存储的，在Photoshop中可以支持24个通道，是除了Photoshop自身格式外唯一能存储多个通道的文件格式。
- EPS格式：这是由Adobe公司专门为存储矢量图形而设计的，用于PostScript输出设备上的打印。它以使文件在各软件之间进行相互转换。
- JPEG格式：这是所有压缩格式中最卓越的。它是一种有损失的压缩格式，但是在图像文件压缩前，可以在文件压缩对话框中选择文件所需要的压缩量，控制自由。这样也有效控制了JPEG在压缩时的损失数据量。JPEG格式不支持Alpha通道。
- GIF格式：此格式的文件是8位图像文件，几乎所有的软件都支持该格式。它能存储成背景透明化的图像形式，该格式文件大多用于网络传送上，可以将多张图像存成一个档案，形成动画效果。但其最大的缺点是只能处理256种色彩。
- AI格式：这是一种矢量图形格式，在Illustrator中经常用到，它可以把Photoshop软件中的路径转化为"*.AI"格式，然后在Illustrator、CorelDRAW中打开对其进行颜色和形状的调整。
- PNG格式：此格式可以使用无损压缩方式压缩文件。支持带一个Alpha通道的RGB颜色模式、灰度模式及不带Alpha通道的位图、索引颜色模式。它产生的透明背景没有锯齿边缘。

1.2.6 图层基本概念

图层在Photoshop软件中非常重要，是进行绘图和处理的基础，几乎每一幅作品的完成都要用到图层，灵活运用图层还可以创建出许多特殊的效果。下面对图层的基本概念进行简单讲解，Photoshop中完成的每张设计作品，都是由很多个透明的图层所叠加构成的。好比是在一张张透明的纸上绘制每一个局部的场景，最终将所有绘制场景图形的透明纸叠加，通过透明纸没有图形的区域看到下一层的内容，从而形成最终的作品。在这个绘制过程中，添加的每一张透明纸就是一个图层。如图1.1.29所示。

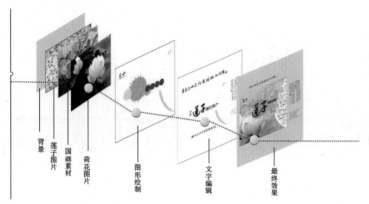

图1.1.29

第 2 章
图片处理

2.1 图片处理的基础知识

实际中照片大部分不能直接用于设计，必须要进行校色与修图。图片校色是图片设计使用前必须做的重要工作，主要解决图片色调混杂、图像偏色、颜色的细节调整、真实性还原等问题。设计师通过校色一方面可以达到希望的设计色彩意识，另一方面可以追求不同风格的特别色调，所以设计师要有一定的色彩基础知识，会"玩"颜色就显得十分重要。修图主要解决图片的构图调整、影像的清晰度、照片的瑕疵修复以及抠图等问题。很多光鲜的广告图片都是修图的结果，所以修图十分重要。

2.1.1 色彩原理

1.位图与矢量

图片有两种基本属性，电脑中的图片分为位图与矢量两种。

【位图图像】也称为点阵图像或栅格图像，是由像素的单个点组成的。像素是组成一幅图像的最小单位。就好像人体由许许多多的细胞构成一样。如果在电脑上放大图像，我们会清晰的看到每一个"像素"，就像一个个马赛克一样，如图2.1.1所示。这些点可以根据不同的排列方式、排列密度、颜色构成等，组成各种各样的图像。每一个像素都是单独的，在Photoshop中处理图片时编辑的是每一个像素点。

【矢量图形】也称为面向对象的图像或绘图图像，矢量文件中的图形元素称为对象。每一个对象都是一个自成一体的实体，它具有颜色、形状、轮廓、大小和屏幕位置等属性。可以在维持它的原有清晰度和弯曲度的同时，多次移动和变换它的属性，而不会影响图像中的其他对象。当对矢量图进行放大后，图像能保持原来的清晰度，且颜色不失真，如图2.1.2所示。矢量图的文件大小与图像大小无关，只与图像的复杂程度有关，因此简单的图像所占的存储空间小。

a 100%显示的位图效果　　b 1200%显示的位图效果

图2.1.1不同放大倍数下的位图显示效果

a 100%显示的矢量图效果　　b 1200%显示的矢量图效果

图2.1.2

位图图片的精度与图片的分辨率有关。所谓的分辨率是指单位长度内所包含的点数或像素数目，通常用每英寸中的像素dpi（Pixels Per Inck）来表示，即"像素/英尺"（pixels/inch）或"像素/厘米"（pixels/cm）例如，一个每英寸有300个点的图像，其分辨率即为300dpi/英尺。在Photoshop中，分辨率是指每英寸中所包含的像素数目（pixelsper inch, ppi）。不管是dpi还是ppi，其所指的分辨率是相同的，只是单位名称不同而已。分辨率的高低影响着图像的品质。例如两张同样大小的图像，其分辨率不同，所呈现的图像质量就会有所差异。分辨率越高，质量越细腻，分辨率越低，质量越粗糙。

【不同情况下对分辨率的要求】屏幕显示：72dpi；印刷品：300dpi；报纸广告：100~200dpi；网页：72dpi；喷画广告：40~100dpi（1平方以下小面积用90dpi左右；1平方以上大面积用45dpi左右）。在一个数字化图像中，图像的尺寸、分辨率和文件大小这三项之间是相互联系的，当用户决定了这三项中的任意两项，即可确定另外一项的参数：文件大小=图像尺寸×分辨率。即分辨率越高，图片容量越大图像越清晰。

Illustrator、CorelDraw是编辑矢量图形的软件。矢量图形的好处在于可无限放大，他与分辨率无关，缩放大小丝毫不会影响图形的清晰度。矢量图形与位图图片都有RGB与CMYK色彩模式。

2.色彩基本概念

对于一幅绘画作品，除了创意、内容、布局外，主要是靠色调与色彩来表现的。色调与色彩的调整即对图像的亮度、饱和度、对比度和色相的调整。同样，在高品质的平面设计作品中，色调与色彩的控制作用可谓举足轻重。广告的色彩可以向消费者传递某种信息，因此色彩与消费的生理和心理反应密切相关。在某

图2.1.3　　　　　　　　　图2.1.4

种层次上，它几乎成为了商品的"代言"。色彩丰富的广告作品比单色广告更具有吸引力，彩色广告比黑白画面更加能凸显宣传品的真实性，通过商品的质感、颜色等元素，真实的展现物品的原始面貌，并引发购买欲。而且广告的色彩对于企业或公司有着品牌的象征作用，使消费者更易辨识。如图2.1.3所示。

【色调】色调即指各种图像色彩模式下图形原色的明暗度，色调的调整也就是明暗度的调整。色调的范围为0~255，共256种色调。灰度模式就是将白色到黑色连续划分256个色调，即由白到灰，再由灰到黑。RGB模式中则代表红、绿、蓝三原色的明暗度。从色彩心理学角度可分为冷色调和暖色调。

【色相】色相就是色彩的颜色，如红、橙、黄、绿、青、蓝、紫等。对色相的调整就是调整图像中颜色的变化。在十二色相环中，红黄蓝是三原色，其他颜色均是由三原色中的两色互混而成的中间色。每一种颜色代表一种色相。如图2.1.4所示。

【饱和度】饱和度就是图像颜色的彩度，调整饱和度就是调整图像的彩度。将一幅彩色图像的饱和度降为0%，则图像变为灰色。如图2.1.5所示。

a.100%饱和度效果　　　　　b.-50%饱和度效果　　　　　c.0%饱和度效果

图2.1.5

【明度】明度对比是指色彩明暗程度的对比（色彩的黑白度）。明度可分为三个基调，如图2.1.6所示。

（1）低明基调：具有沉静、厚重、迟钝、忧郁的感觉。

（2）中明基调：具有柔和、甜美、稳定的感觉。

（3）高明基调：具有明亮、寒冷、软弱的感觉。

a.低明度基调 b.中明度基调 c.高明度基调

图2.1.6

对比度是指不同颜色的差异。对比度越大，两种颜色之间的相差越大。将一幅灰度图像的对比度增大后，则会变得黑白分明。当对比增加到最大值时，则图像变为黑白两色图。反之，当对比度减小到最小值时，图像变为灰色底图。

3.色彩模式

常用色彩模式有RGB（光色模式）、CMYK（四色印刷模式）、LAB（标准色模式）、Grayscale（灰度模式）、Bitmap（位图模式）、Tndex（索引模式）、Duotone（双色调模式）和Multichannel（多通道模式）。图2.1.7所示为通过菜单打开的色彩模式，图2.1.8所示为通过颜色面板打开的色彩模式。

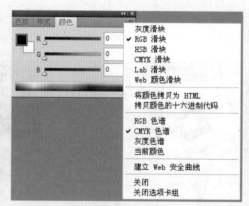

图2.1.7 图2.1.8

- Bitmap（位图模式）：位图模式又叫黑白模式。该模式下图像由黑白两色组成，其位深度为1。图形不能使用编辑工具，只有灰度模式才能转变成Bitmap模式。

- Grayscale（灰度模式）：该模式下图像具有256级灰度等级。一幅灰度模式的图像在转成CMYK模式后可以增加彩色，如果将CMYK模式的彩色图像转变为灰度模式则颜色不能恢复。

- Duotone（双色调模式）：该模式是使用2～4种彩色油墨创建双色调（两种颜色）、三色调（三种颜色）和四色调（四种颜色）的灰度图像。

- Index（索引模式）：该模式又叫图像映射色彩模式，这种模式的像素只有8位，即图像最多只有256种颜色。索引模式可以减少图像的文件大小，因此常用于多媒体动画的应用或网页制作。

- RGB（光色模式）：RGB色彩模式是最常见的色彩模式之一。它以红（R）、绿（G）、蓝（B）3种原色构成，RGB模式是一种加法混合，三原色叠加在一起就变成白色。如图2.1.9所示。所有的显示器、投影设备、扫描仪、电视等都依赖于这种加色模式。由于许多输入文件是以RGB色彩模式输入的，同时RGB文件又比CMYK文件小，可以节省一部分内存空间，所以用户可以先在RGB色彩模式下进行图像处理，而等到印刷时再转换为CMYK色彩模式进行输出。如图2.1.10所示。

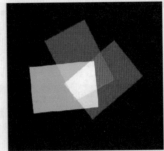

图2.1.9　　　　　　　　　图2.1.10

- CMYK（四色印刷模式）：CMYK色彩模式是针对彩色印刷而设计的一种色彩模式，由青色（C）、品红（M）、品黄（Y）和黑色（K）4种颜色构成。如图2.1.11所示。CMYK色彩模式中生成色彩的方法称为减色法。组合青色、品红、品黄、黑色时，如果每一组的值件都为100，则结果为黑色；如果每一组件的值都为0，则结果为纯白色。为当颜色相互叠加时，其色彩越加越暗直至成为黑色，而当撤销所有颜色时方可为白色。由于CMYK色彩模式中的黑色代替了它的部分色彩，因此它无法像RGB色彩模式那样能够产生高亮度颜色。

图2.1.11

- LAB（标准色模式）：LAB色彩模式是由国际照明委员会CIE定制的一种极其优秀的色彩模式，LAB色彩模式色域宽阔，覆盖了RGB和CMYK的所有光谱。在LAB色彩模式中，L代表亮度通道，a和b代表两个色彩通道。A通道包括的颜色从深绿到灰，再到洋红色；b通道从亮蓝色到灰，再到黄色。

- Multichannel（多通道模式）：该模式是在每个通道中使用256级灰度，常用于特殊打印。

4.位深度

位深度主要是用来度量在图像中使用多少颜色信息来显示或打印像素。位深度越大图像中的颜色表示越多，也越精确。

- 1位深度的像素有两种（2的1次方）颜色信息：黑加白。
- 8位深度的像素有2^8或256种（2的8次方）颜色信息。
- 24位深度的像素有2^{24}或167777216种（2的24次方）颜色信息。

常用的位深度值范围为1~64位/像素。对图像的每个通道，Photoshop支持最大为16位/像素的位深度。大多数情况下，RGB、灰度和CMYK图像的每个颜色通道位深度为8位，表示8位/通道。

- 选取菜单栏中的[图像]/[模式]/[8位/通道]命令，可以将图像通道的位深度设置为8位。
- 选取菜单栏中的[图像]/[模式]/[16位/通道]命令，可以将图像通道的位深度设置为16位。

2.1.2　图片输入的基础知识

图片素材的输入方式主要通过扫描仪或数码照相机获取图像导入到 Photoshop 中来。数码相机的使用非常简单，在购买时一般都附带有软件和使用说明，数码相机通过数据线同计算机相连，将照片导入计算机中。如图 2.1.12 所示。

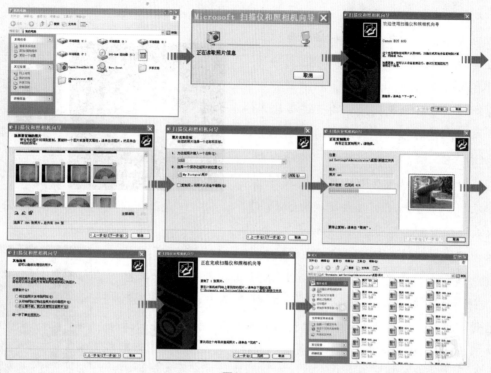

图 2.1.12

2.1.3　图片输出的基础知识

1. 分辨率与印刷网线数的关系

在印刷输出前，必须先弄明白图像分辨率与印刷网线数之间的关系。分辨率有两个表达形式：图像分辨率（ppi）：指的是位图图像每单位长度内像素的数量，如 300 像素/ 英寸。输出分辨率（dpi）：指的是打印设备在单位长度内可产生的点，如 1440dpi/英寸。图像分辨率和网屏线数关系决定印刷细节的品质，通常图像分辨率是网屏线数的 1.5~2 倍。图像分辨率和输出分辨率只要其中一个太低都打印不出高品质的产品，一般图像分辨率是输出分辨率的 1/4~1/3 倍。印刷网线数是指印刷品在水平或垂直方向上每英寸的网线数，即挂网网线数。挂网线数的单位是 Line/Inch（线/英寸），简称 lpi。例如 200lpi 是指每英寸加有 150 条网线。标准的网线数有 65、85、100、133、150、175、200lpi 等。印刷网线数与使用的纸张、印刷方式有密切联系，高精度印刷、平滑细致的纸张一般印刷是采用高挂网线数，如使用凹印、铜版纸进行高质量的画册印刷；而低精度印刷、粗糙的纸张采用低挂网线数，如用胶印、新闻纸进行报纸的印刷，其网线数用 85lpi。目前市面上见到的书刊或广告印刷品，多使用铜版纸等较平滑的纸张，以胶印为主，其印刷网线数一般为 150lpi 或 175lpi；邮票以及高质量的艺术图案或摄影作品集印刷，一般采用凹印方式，其印刷网线数则为 200lpi 甚至 300lpi。

原稿是采用彩色输出还是黑白输出，在图像分辨率的设置上各不相同。在彩色印刷上，一般认为图像分辨率值为印刷网线数的 2 倍；以 175lpi 为例，即文件的图像分辨率至少需要 300dpi~350dpi，方可呈现较高的彩色印刷品质。若印刷网线数只有 100lpi，那图像分辨率只要 200dpi 就足够了。在黑白印刷上，图像分辨率是印刷网线数的1.5倍，但这并非是一个定值，而要视情况进行调整。

2. 裁剪边缘与出血

"裁剪边缘"与"出血"皆为印刷排版上的
专有名词。在我们看到印刷成品之前，一般需要
经过如图2.1.13所示的一系列流程与手续，其
中在"印前准备"中有两项很重要的步骤就是
"折纸"与"裁剪"。之所以要介绍"折纸"
与"裁剪"，是因为它们与后面介绍的"裁剪边
缘"与"出血"有密切的关系，如果将一张纸对
折，对折再对折后（对折3次），再将其打开，
可以看到原来的1张纸被分隔为8块区域
（页）。若要在这8块区域（页）的正反面上印
刷，即形成1份16页的书册，这在印刷上就称为

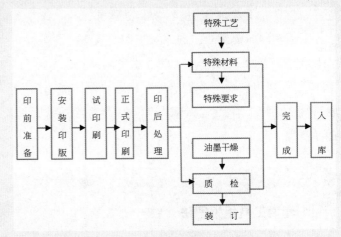

图2.1.13

1台（若对折4次，则1台为32页）。如果将纸重新折回，就会发现因为纸的厚度造成边缘参差不齐的现
象，而且页与页之间的上边缘（或下边缘）仍是相连的，无法摊开阅读，此时就要靠"裁剪"来分开页面
并裁齐页边缘，这样才可以形成书册的内页。

留出"裁剪边缘"或"出血"的位置，除了书本内页、杂志内页要裁剪之外，凡经过印刷的出版品，
如书本封面、杂志封面、海报、DM、信纸、目录、名片等，皆须经过裁剪才可以得到整齐的尺寸。因
此，我们在做设计的时候，不要把图像尺寸做得和最终文件一样大，因为到最后是需要裁切的，所以要把
图像做得溢出文件一部分，裁切的时候边缘才不会漏白边，而溢出的部分就称为出血。出血是为了印刷成
品在裁切时不会出现废品，对于不同的输出设备，出血的设置是不同的，一般的出血值都预留3mm，若超
过3mm，就有点"过界"了。因此在设计时需视裁剪情形加入裁剪边缘或出血范围。

至于裁剪边缘或出血的部分是不是4边都要留，则要视出版品装订的性质而定。例如用穿线胶装、骑马
钉装订的杂志或书本内页，仅要留3边的裁剪边缘或出血即可（左页留左侧的裁剪边缘或出血，右页留右侧
的裁剪边缘或出血）；仅有胶装的杂志或书本内页，因需将胶装那一边磨平，所以仍需留4边的裁剪边缘或
出血；海报不需要装订，则要留4边的裁剪边缘或出血。一般来说，包装设计（酒盒子的设计）的出血为
5mm，书籍设计的出血为3mm，喷绘的出血为10mm。

2.1.4 图片处理技术

专业摄影图片处理一般针对图片的曝光过度或曝光不足、色彩不准或者是获得某种需要的色彩、色彩
管理、局部影调反差调整、多底片合成新画面。JPGE格式和TIFF格式都是由数码相机内影像生成器生成
的照片格式。RAW格式是由感光元件直接获取的原始数据，是一个没有经过相机内部数字处理器成像的完
整的数据包。RAW格式虽然可以容纳更多的原始信息，可后期空间更大，但是文件相对也更大；JPEG格
式相对来说画质稍差，可后期空间小，但是在体积上却有优势。TIFF格式与JPGE格式的不同之处就在于
它是"无损"压缩，因此TIFF格式的画质要高于JPGE格式。RAW格式具有照片所保留的最大宽容度和
最宽的色域。以红色为例，8位JPGE只有256级可以利用，而在RAW格式中，单色可以达到4096级，
如果进行大幅度的色彩改变和亮度调整，就会发现使用JPGE格式和TIFF格式时，照片已经模糊，产生噪
点、画质受损，而RAW格式的性质提供了最大的色彩空间，最多的层次记录。

2.2 图片处理应用基础

2.2.1 快速准确地抠图和制作选区

Photoshop是一门选择的艺术，精良的制作总是针对画面的局部，而局部的制作需要制作选区。没有一种办法可以针对所有照片建立选区，Photoshop有许多制作选区和抠图的技巧，具体在什么情况下用什么方法，要分析照片找到最快、最准、最便捷、最适合这张照片的抠图方式。这需要通过大量的练习，掌握了各种基本经验后才能掌握。要做到看到一张照片，就可以想到最佳的抠图方式。这里介绍常见的几种抠图方法。

1. 针对图片中光滑界限实物的两种抠图方法

1.套索工具组抠图法

工具箱中的套索工具共有3种，在工具按钮右下角有三角符号的表示有隐藏的工作组列表。将鼠标移动到默认的套索工具上按下鼠标即可弹出隐藏的工作组列表，如图2.2.1所示。

打开花卉图片，单击套索工具 ⭕ 按钮，在文件中按住鼠标拖动如图2.2.2所示的选择区域，套索工具不能精确绘制花卉的选择区域。若需要精确的花卉选区，单击多边形套索工具 ⭕ 按钮，在花卉的轮廓边缘单击，随即松开鼠标出现绘制选区的起始点，如图2.2.3所示。沿着花卉的轮廓再拖出一条边来，不停的操作，直至回到起始点为止。回到起始点后，光标的右下角将出现一个圆圈，单击即出现如图2.2.4所示的精确选区。如果没有回到起始点，则绘制过程将不会停止，如果双击鼠标左键，系统会自动将双击点和起始点处连接起来。

图2.2.1

图2.2.2

此处为起点

图2.2.3

图2.2.4

小提示 Tips

如果按下 Shift 键，则会约束绘制边的方向为 45 度及其倍数方向；如果按下 Ctrl 键，则光标的右下角会出现一个圆圈，此时单击鼠标会自动将选择区域闭合。

放大选区，若发现有选区还不精确，运用选区的加减法，不取消新建的花卉选区，如果是缺少的选区部分，单击直线套索工具属性栏的【添加到选区】 ⬜ 按钮，这时光标的右下角出现一个"+"号，沿着缺少的部分的边缘拖动绘出封闭的线，单击得到如图2.2.5所示的效果。如果是出现多余的选区，单击直线套索工具属性栏的【从选区减去】 ⬜ 按钮，这时光标的右下角出现一个"—"号，沿着多余的选区部分的边缘拖动绘出封闭的线，如图2.2.6所示。这样仔细调整将获得一个精确的选区。按快捷键Ctrl+D可以取消选区。

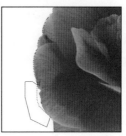

图2.2.5　　　　　　　　　　　　　　　　　　图2.2.6

【与选区交叉】■按钮：激活此按钮，在图像中依次绘制选区，如果新建的选区与先绘制的选区有相交部分，则把相交部分作为一个新选区。如图2.2.7所示。如果新选区与先绘制的选区没有相交的部分，将弹出如图2.2.8所示的警告对话框，警告未选择任何像素。

如果按Shift键，这时光标的右下角出现一个"＋"号，达到与■按钮相同的效果，如果按Ctrl键，也可达到与■按钮相同的效果。

图2.2.7　　　　　　　　　　　　　　　　　　　图2.2.8

下面对套索工具属性栏的参数进行详细介绍，如图2.2.9所示。

图2.2.9

- 【羽化】选项：是使选择区域边缘产生一种具有过渡消失的虚化效果。首先在选框工具的属性栏中设置好【羽化】值，然后利用选框工具绘制选区，可以直接绘制出带有羽化效果的选区。羽化值越大，虚化程度越大，如图2.2.10所示。

a　羽化值为0时的选取的图像　　　b　羽化值为20时的选取的图像　　　c　羽化值为60时的选取的图像

图2.2.10

- 【消除锯齿】复选框：在Photoshop中，位图图像时由许多不同颜色的正方形像素点组成，所以在编辑圆形或弧形图形时，其边缘常会出现锯齿现象。当在属性栏中勾选【消除锯齿】后，系统将自动淡化图像边缘，使图像边缘和背景之间产生平滑的颜色过渡。

设置羽化的第二种方法：当绘制好选区后，执行【选择】/【修改】/【羽化】命令，弹出如图2.2.11所示的羽化选区的对话框。在对话框中设置适当的【羽化半径】参数值，然后单击【确定】按钮。即可使原有的选区具有羽化性质。需要注意的是，比值必须小于选区的最小半径，否则将会弹出如图2.2.12所示的警告对话框。

图2.2.11　　　　　　　　　　图2.2.12

以下这几个新选项是【磁性套索】工具属性栏中增加的。如图2.2.13所示。

图2.2.13

- 【宽度】选项：决定在使用工具时的探测宽度，探测从鼠标游标开始，到指定距离以内的边缘。数值越大，探测范围越大。
- 【边对比度】选项：决定套索对图形中边缘的灵敏度。此值越大，则只对对比度较强的边缘进行探测套索，反之，则只对对比度低的边缘进行探测套索。
- 【频率】选项：在进行磁性套索时会有很多的小矩形对图像的选区进行固定，确保选区不被移动。【频率】值决定这些小矩形出现次数的多少。【频率】值越高，则会越快固定选区。
- 【使用绘图板压力以更变钢笔宽度】按钮：当安装了绘图板和驱动程序后此按钮才可用，它主要是用来设置绘图板的笔刷压力。当单击此按钮时钢笔的压力增加，会使套索的宽度变细。
- 调整边缘 按钮：在图像中添加选区后单击此按钮，将弹出【调整边缘】对话框，通过此对话框以直观的将选区手动设置成"半径"、"对比度"、"平滑"、"羽化"、"收缩/扩展"以及选取图像范围的预览方式等。磁性套索工具主要是针对对轮廓界面分明的物体抠选，对抠图的精确度要求不高。

小提示 Tips

使用套索工具、多边形套索工具和磁性套索工具时，按 Alt 键，在文件中拖曳鼠标，可将当前工具切换至套索工具。在文件中依次单击鼠标，可将当前工具切换至多边形套索工具。另外，在使用多边形套索绘制选择区域时，按 Delete 键，可清除最近绘制的线段。双击鼠标会自动封闭选区。

2.魔棒工具组抠图法

工具箱中的魔棒工具组共有2种：【魔棒】工具和【快速选择】工具。

【魔棒】工具主要用于选取图像中颜色相近或有大色块单色区域的图像，在实际工作过程中它可以节省大量的时间，又能达到预想的效果。魔棒工具的属性栏如图2.2.14所示。

> 容差: 32 ☑消除锯齿 ☑连续 □对所有图层取样 调整边缘...

图2.2.14

- 【容差】选项：其数值决定了选择区域的精度，值越大选择精度越小，值越小选择精度越大，如图2.2.15所示。
- 【连续的】选项：勾选此选项，在图像中只能选择与鼠标落下处像素相近且相连的部分。不勾选此项，在图像中则可以选择所有与鼠标落下处像素相近的部分。如图2.2.16所示。
- 【用于所有图层】选项：勾选此选项，在文件中单击鼠标左键将选择所有图层可见部分中与单击鼠标处颜色相近的部分。不勾选此项，将只选择当前图层中与单击鼠标处颜色相近的部分。

| 容差为20的选区范围 | 容差为100的选区范围 | 勾选【连续的】选项的选区范围 | 没有勾选【连续的】选项的选区范围 |

图2.2.15　　　　　　　　　　　　　　　图2.2.16

【快速选择】工具是一种非常直观、灵活和快捷的选取图像中面积较大的单色颜色区域的工具。在需要添加选区的图像位置单击鼠标左键拖动光标，将鼠标经过的区域及与其颜色相近的区域都添加上选区。快速选择工具的属性栏如图2.2.17所示。

> ☑ ☑☑☑ ● 30 ▾ □对所有图层取样 □自动增强 调整边缘...

图2.2.17

- （新选区）按钮：默认状态下此按钮处于激活状态，在图像中按左键拖曳鼠标光标可绘制新的选区。
- （添加到选区）按钮：使用按钮添加选区后，会将自动切换为激活状态，按下左键在图像中拖曳鼠标光标，可以增加图像的选区范围。
- （从选区减去）按钮：激活此按钮，将图像中已有的选区按照鼠标拖曳的区域来减小的范围。
- 【画笔】选项：用于设置所选范围区域的大小。
- 【对所有图层取样】选项：勾选此复选项，在绘制选区时，将应用到所有可见图层中。
- 【自动增强】选项：勾选此复选项，添加的选区边缘会减少锯齿的粗糙程度，且自动将选区向图像边缘进一步扩展调整。

2. 针对图片中毛边界限实物的抠图方法

【调整边缘】抠图法：调整边缘选项是专门为抠图设计的一个新功能。调整边缘是矩形选框工具组、套索工具组、魔棒工具组的属性栏中的一个选项。其功能类似于Photoshop CS3中的【抽出】功能。主要用于抠含有毛发的图像。

（1）打开狗尾巴草照片和插花图片，如图2.2.18所示。选择移动工具按钮，移动工具的属性栏如图

2.2.19所示。将光标移到狗尾巴草文件内，按下鼠标左键向插花图片拖曳，其状态如图2.2.20所示。当鼠标移到另一个文件中时，光标会变成带加号的图形，释放鼠标后，选择区域内的图像即被复制到另一文件中。

图2.2.18

图2.2.19

图2.2.20

小提示 Tips

移动工具的属性栏中的选项如下。

【自动选择图层】选项：勾选此选项，再在文件中移动图像，软件会自动选择当前图像所在的图层；如果不勾选此项，要想移动某一图像，必须先将此图像所在的图层设置为当前图层。

【显示定界框】选项：勾选此选项，文件会根据当前层（背景层除外）图像的大小出现虚线的定界框。

移动工具在文件中拖曳指定的图像时，可按住键盘上的 Shift 键、同时拖曳图像确保在水平、垂直或45°角三个方向移动。

（2）文件太大，则按快捷键Ctrl+T，执行自由缩放命令，出现自由缩放定界框。按住Shift键，将鼠标光标放置在定界框四个角的调节点上，按下鼠标拖曳，可对图像进行任意缩放命令，如图2.2.21所示。按Enter键取消变形操作，缩放后的效果如图2.2.22所示。

图2.2.21　　　　　　　　图2.2.22

（3）选择套索工具 ρ 按钮，羽化设置为0，勾勒出如图2.2.23所示的选区，这时属性栏中的【调整边缘】选项激活，单击【调整边缘】选项，打开对话框，设置参数如图2.2.24、图2.2.25所示，不断的用半径 ✍ 按钮绘制狗尾巴草毛边部分，会自动调整边缘，获取如图2.2.26所示的效果后，单击【确定】按钮。

（4）按快捷键Ctrl+T，执行变形操作，将鼠标光标移动置定界

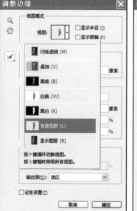

图2.2.23　　　　　　图2.2.24　　　　　　图2.2.25

框的边线上，当鼠标显示为弧形的双向箭头时拖曳鼠标，图像以调节中心点为轴进行旋转，调整到如图

2.2.27所示的角度，按Enter键取消变形操作，最终效果如图2.2.28所示。

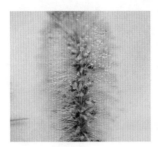  

图2.2.26　　　　　　　　图2.2.27　　　　　　　　图2.2.28

3. 创建图片中复杂层次选区的二种抠图方法

1.色彩范围抠图法

色彩范围是一种通过颜色来创建复杂选择区域的方法，这种方法在实际工作中经常运用。

（1）打开随书所附光盘中名为"菊花"的图片，如图2.2.29所示。

（2）选取菜单栏中【选择】/【色彩范围】命令，弹出如图2.2.30所示的【色彩范围】对话框。

（3）将鼠标光标移动到打开图像文件中如图2.2.31所示的位置单击，吸取颜色，此时设置的【色彩范围】对话框参数如图2.2.32所示。

   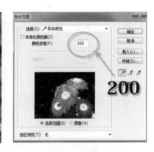

图2.2.29　　　　　　图2.2.30　　　　　　　　图2.2.31　　　　　　图2.2.32

（4）单击【确定】按钮，图像文件中生成的选择区域如图2.2.33所示

（5）选取菜单栏中的【图像】/【调整】/【色相/饱和度】命令（快捷键为Ctrl+U），在弹出的【色相/饱和度】对话框中设置各项参数如图2.2.34所示。

（6）单击【确定】按钮，然后除去选区后的图像效果如图2.2.35所示。

图2.2.33　　　　　　　图2.2.34　　　　　　　图2.2.35

2.通道高级抠图法

利用颜色通道将物体从图像分离出来的方法比较适合处理人物照片一类的图片。人物一般都会有头

发，对付发丝这样细微的图像魔棒工具就不一定能胜任了，而使用路径工具进行抠图也是不切实际的，这里介绍的通道抠图方法，一般用于毛发较多、背景颜色较单一的图像抠图。

（1）执行【文件】/【打开】命令，弹出"打开"对话框，打开随书所附光盘中名为"模特抠图"的图片，如图2.2.36所示。

（2）打开通道面板，用鼠标左键单击绿色通道，按住鼠标拖曳到面板右下方的创建新通道🔲图标，释放鼠标左键，如图2.2.37所示。创建"绿副本"通道，如图2.2.38所示。

图2.2.36   图2.2.37   图2.2.38   图2.2.39

（3）执行【图像】/【调整】/【反相】命令或按快捷键Ctrl+I，得到如图2.2.39所示的图像反相效果。选择直线套索工具☑按钮，设置羽化值为1，抠选人体手臂、身体部分，如图2.2.40所示，单击工具箱中的前景色和背景色🔳按钮，将前景色设置为白色，执行【编辑】/【填充】命令，打开【填充】对话框，选择【前景色】，如图2.2.41所示，单击【确定】按钮。获得如图2.2.42所示的效果。按快捷键Ctrl+D取消选区。

（4）执行【图像】/【调整】/【色阶】命令或快捷键Ctrl+L，弹出【色阶】对话框，参数设置如图2.2.43所示。单击【确定】按钮。

 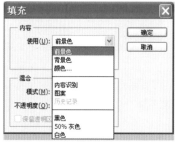  

图2.2.40   图2.2.41   图2.2.42   图2.2.43

小提示 Tips

利用工具箱设置颜色的方法如下。

在工具箱的下半部分有一个按钮🔳，叫前景色和背景色设置按钮，上面的色块代表前景色，默认情况下显示为黑色，下面的色块代表背景色，默认情况下显示为白色。但根据不同的工作需要，前景色和背景色经常需要修改。可以单击工具箱中前景色或背景色并在弹出的【拾色器】对话框中调整色彩。如图2.2.44所示。在【拾色器】对话框中选择需要的颜色后，单击【确定】按钮，可修改当前选择的颜色。

另外，将鼠标光标移动到对话框的色域中单击或在中间的颜色滑块内单击、拖动滑块两侧的三角形也可以修改当前选择的颜色。

🔲颜色库 按钮：单击颜色库按钮，弹出【颜色库】的对话框。在色域中单击颜色块或在右侧的颜色滑块中滑动小三角形选择所需的颜色，单击 拾色器(P) 按钮，将回到【拾色器】对话框。

图2.2.44

（5）在工具箱中选择加深工具 按钮，在加深工具属性栏中单击 按钮，打开"画笔预设"选取器，选择一个带有羽化的笔头，大小参数设置如图2.2.45、图2.2.46所示。用加深工具将人像周围的部分都加深涂抹为黑色，如图2.2.47所示。

图2.2.45

（6）选择工具箱中套索工具 按钮，羽化值设置为4，将不透明的头发区域抠选，填充前景色白色，如图2.2.48所示，按快捷键Ctrl+D取消选区。最终效果如图2.2.49所示。

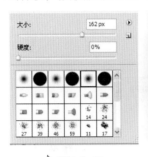   

图2.2.46　　　　　图2.2.47　　　　　图2.2.48　　　　　图2.2.49

（7）执行【选择】/【载入选区】命令，打开如图2.2.50所示的【载入选区】对话框，选择"绿副本"通道，单击【确定】按钮。提取人像选区后，单击通道面板的RGB模式，如图2.2.51所示。

（8）回到图层面板，单击背景图层，执行【编辑】/【复制】命令，再执行【编辑】/【粘贴】命令，建立新的图层"图层1"，如图2.2.52所示。

图2.2.50　　　　　　　　　图2.2.51　　　　　　　　图2.2.52

（9）选择图层背景层，单击图层面板右下方的创建新图层 按钮，创建"图层2"，如图2.2.53所示。将前景色设置为白色，按快捷键Alt+Delete，填充前景色，如图2.2.54所示。最终得到图2.2.55所示的效果。

图2.2.53　　　　　　　　图2.2.54　　　　　　　　图2.2.55

2.2.2 图片的修复与调整

在Photoshop的强大修复功能下，过去摄影师认为的"摄影是一种遗憾的艺术，总有不完美"的说法已经被打破了。Photoshop软件对图片处理的逼真程度使如今的摄影几乎无所不能。

1. 针对图片中瑕疵的三种修复方法

1.图章工具修复法

图章工具包括【仿制图章】工具 ⚒ 和【图案图章】工具 ⚒ ，它们的功能都是复制图像，但是复制的方式不同。【仿制图章】工具 ⚒ 是通过图像中选择印制点复制图像，可以得到100%的复制效果。而【图案图章】工具是将要复制的图像设置为样本，然后进行复制。这里重点讲【仿制图章】工具对照片的修复。【仿制图章】工具的属性栏如图2.2.56所示。

图2.2.56

- 【画笔】选项用于设置修复画笔的直径、硬度和角度等参数。【模式】、【不透明度】和【流量】会在后面画笔工具中做详细的讲解。

- 【对齐】按钮：勾选中该选项可以多次复制图像，所复制出来的图像仍是选定点内的图像，若未选中该复选框，则复制出的图像将不再是同一幅图像，而是多幅以基准点为模版的相同图像。

执行【文件】/【打开】命令（Ctrl+O），打开随书所附光盘中名为"九寨沟"的图片，如图2.2.57所示。单击【仿制图章】工具按钮，单击属性栏中的 · 按钮，打开笔头选项下拉列表，选择合适大小的笔头，如图2.2.58所示。将鼠标光标移动到打开的"九寨沟"图片中，按住键盘上的Alt键，在要复制的位置单击鼠标，鼠标单击处的位置为复制图像的取样点，松开Alt键，然后将鼠标移到需要复制图像的位置拖曳鼠标，将复制新的图像。如图2.2.59所示。我们可以在属性栏设置相应的画笔大小及不透明度来精确修复，同时可以不断地改变取样点位置进行复制，方便较为复杂的图片修复。最终可获得如图2.2.60所示的效果。

图2.2.57

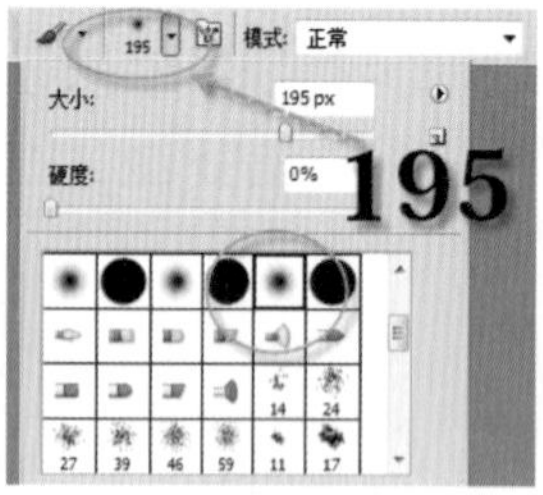

图2.2.58

图2.2.59

图2.2.60

【仿制图章】工具还可用于一些破损老照片的修复，可以使那些经过时间的洗礼已失去当年的风采的老照片焕然一新。

2.内容识别修复法

内容识别是Photoshop CS5中新增加的功能，由电脑自动识别进行复制，是一个非常省力便捷、人性化的修复方法，复制后的效果非常完美。

图2.2.61

（1）执行【文件】/【打开】命令（Ctrl+O），弹出"打开"对话框，打开随书所附光盘中名为"九寨沟"的图片，选择套索工具 ⟋ 按钮，将其属性栏的羽化值设置为15，如图2.2.61所示。抠选所要修复的部分，如图2.2.62所示。

（2）执行【编辑】/【填充】命令，将弹出如图2.2.63所示的对话框。在【填充】对话框中单击【使用】选项右侧的 ▼ 按钮，选择【内容识别】选项，单击【确定】按钮。即可获得如图2.2.64所示的效果。如果还有重复不自然的部分，可以结合【仿制图章】工具进一步修复至完美。

图2.2.62

图2.2.63

图2.2.64

3.修补工具修复法

（1）【污点修复画笔】工具 ⟋ 是款相当不错的修复及去污工具。尤其是对人物面部的疤痕、雀斑等小面积范围内的缺陷修复最为有效。其修复的原理是在所要修复的部位的周围自动取样，然后将其所修复位置的图像融合，得到理想的颜色匹配效果。使用的时候只需要适当调节笔触的大小及在属性栏设置好相关属性。然后在污点上面点一下就可以修复污点。如果污点较大，可以从边缘开始逐步修复。如图2.2.65所示为图像修复前后对比的效果。

未修复前的效果

使用污点修复画笔修复后的效果

图2.2.65

Photoshop CS5中文版"污点修复画笔"属性栏如图2.2.66所示。

图2.2.66

- 【画笔】按钮：用于设置修复画笔的直径、硬度和角度等参数。
- 【模式】按钮：用于选择一种颜色混合模式，选择不同的模式后其修复效果各不同。
- 【类型】按钮：在类型选项中有三个修复类型可供选择，选中【近似匹配】单选项，修复后的图像会近似于源图像；选中【创建纹理】单选项，修复后的图像会产生小的纹理效果；选中【内容识别】单选项，这是Photoshop CS5新增加的功能，通过周围的颜色来覆盖修复区域，取样点要比【近似匹配】大一些，修复效果比用近似匹配的修复的效果更好。

- 【对所有图层取样】按钮：勾选此复选项，可以在所有可见图层中取样；不勾选此项，则只能在当前图层中取样。

（2）【修复画笔】工具✐也是用来修复图片的工具。【修复画笔工具】属性栏如图2.2.67所示。

图2.2.67

- 【 画笔】按钮、【模式】按钮与【污点修复画笔】工具相同，这里不再讲解了。
- 【源】：用于设置修复时所使用的图像来源，若选中"取样"选项，则修复时将使用定义的图像中某部分图像用于修复；选中"图案"选项，将激活其右侧的"图案"选项，在其下拉列表中可以选择一种图案用于修复。
- 【对齐】单选项：选中该选框，只能修复一个固定位置的图像，即修复所得到的是一个完整的图像；若不选中该选框，则可连续修复多个相同区域的图像。

【修复画笔】工具的操作方法和【仿制图章】工具的操作方法是一样的。按住Alt键，在要复制的位置单击鼠标，单击处的位置为复制图像的取样点，松开Alt键后在修复点上单击一下即可修复。在修复过程中也可以根据需要随时设置新的取样点。与【修复画笔工具】有所不同的是其复制的图像不是得到100%的原图效果，而是与背景自然融合的效果。以下图像是在打开的图像选取取样点，在另一张图像上用【修复画笔】工具进行跨图像复制的效果，如图2.2.68所示。

复制过程的效果   修复后最终显示的效果

图2.2.68

（3）【修补】工具可以用图像中相似的区域或图案来修复有缺陷的部位或制作合成效果，其效果与【修复画笔】工具是一样的。【修补】工具❀的属性栏如图2.2.69所示。

图2.2.69

- ▫▫▫▫：这4个按钮分别表示创建新选区、增加选区、减少选区以及交叉选区。
- 【源】选项：选中此选项，在需要修复的图像处创建一个选择区域，然后拖曳到用于修复的目标图像位置，即可使目标图像修复成原选取的图像选区。
- 【目标】选项：此选项作用与"源"选项的作用刚好相反。在需要修复的图像上创建一个选择区域，然后将选择区域拖动到修复的目标图像上，即可使用选取的图像修复目标位置上的图像。

- 【透明】选项：选中此复选项，在复制图像时，复制的图像将产生透明效果；不勾选此项，复制的图像将覆盖原来的效果。
- 【使用图案】按钮：创建选区后，在右侧的图案列表中选择一种图案类型，单击此按钮，可以用指定的图案修补源图像。

打开【修补】工具，选择【源】选项，将需要修复的部分圈选起来，这样我们就得到一个选区，按住鼠标左键拖动选区内的图像移到想要复制的图像上，放开鼠标就会自动修复。如图2.2.70所示。同时在属性栏上，我们可以设置相关的属性，可同时选取多个选区进行修复，极大方便了我们的操作。

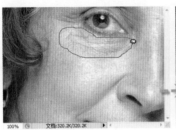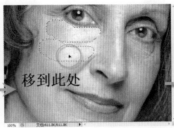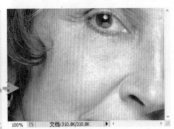

移到此处

图2.2.70

2.2.3 图片的校色

色彩管理是数码技术的核心内涵之一，不懂颜色就没办法掌握色彩管理。由于景物、光线、色温、相机特性、软件功能等多个因素的制约，相机的色谱没有一个定数，变化非常大，也形成了原始图片色彩的多样性和复杂性，能够在数字后期校色处理中充分运用色彩空间，掌握好色彩平衡、使色彩准确真实，拥有良好的质感细节描述，或者是能够随心所欲的改变成主观色彩。这些都是需要努力探讨的问题，我们要做到看到一张照片，就能想到可以呈现出宣传广告设计效果的最佳色彩。这里介绍常见的几种色彩校色方法。

1. 改变画面亮度与对比度的三种方法

1. 色阶调整法

【色阶】命令可以通过图像的暗调、中间调和高光的强度级别来调整图像的明暗范围。选取菜单栏中的【图像】/【调整】/【色阶】命令（快捷键Ctrl+M），将弹出如图2.2.71所示的【色阶】对话框。

- 【通道】选项：该选项是准备要调整的通道，可以对复合通道进行色调调整，也可编辑单色通道、Alpha通道和专色通道的色调。
- 【输入色阶】选项：该选项右侧的3个窗口分别为暗色调、中间色调和亮色调数值窗口，在窗口中设置相应的数值便可以改变图像的色调和对比度；在其下方的【色阶】预览图中分别拖动3个小三角符号的位置，就可以改变图像的明暗度和色调的变化。注意：不同【色阶】预览图的形态也各不相同。

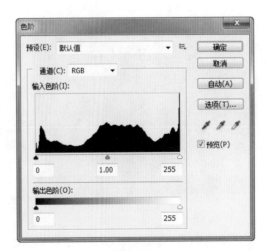

图2.2.71

执行快捷键Ctrl+O，弹出"打开"对话框，打开随书所附光盘中名为"睡莲"的图片，在【色阶】对话框中调节右侧的亮色调滑块向左移动，使【输入色阶】选项右侧窗口的数值变小，可以使原图像的亮色范围变小。得到的效果如图2.2.72所示。

图2.2.72

在【色阶】对话框中调节中间的灰色色调滑块向左移动，使【输入色阶】选项中间窗口的数值变大，可以使原图像的亮色范围变大。得到的效果如图2.2.73所示。

图2.2.73

在【色阶】对话框中调节左侧的黑色色调滑块向右移动，使【输入色阶】选项左侧窗口的数值变大，可以使原图像的暗色范围变大。得到的效果如图2.2.74所示。

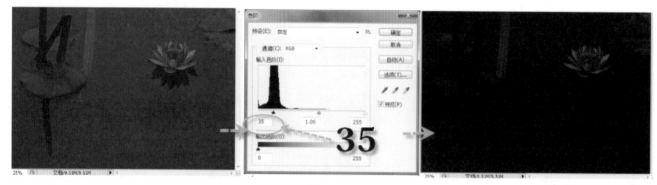

图2.2.74

- 【输出色阶】选项：该选项右侧的两个窗口分别为亮度和对比度数值窗口，其数值与【色阶】色带下方的两个小三角符号相对应。设置窗口中的数值或改变下方小三角符号的位置均可以调整图像的亮度和对比度。

- 自动(A) 按钮：单击此按钮，系统可以对图像的色阶自动调整。
- 选项(T)... 按钮：单击此按钮，可弹出如图2.2.75所示的【自动颜色校正选项】对话框，在该对话框中可以提高每个通道的颜色对比度等设置。
- ✐✐✐：在【色阶】对话框中还可以利用吸管工具调整图像的色彩平衡。激活相应的吸管按钮后，将鼠标光标移动到图像文件中单击，即可出现相应的色彩调整效果。

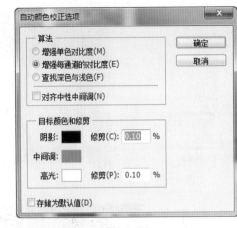

图2.2.75

2.曲线调整法

【曲线】命令可以调整图像整体色调及色彩平衡。选取菜单栏中的【图像】/【调整】/【曲线】命令（快捷键Ctrl+M），将弹出如图2.2.76所示的【曲线】对话框。

- 曲线预览：曲线的水平轴（输入色阶）代表图像中像素的色调分布，垂直轴（输出色阶）代表新的颜色值。可以通过调整曲线的形状来改变像素的输入或输出色阶，从而改变整个图像的色阶分布。
- ⊿ 按钮：激活此按钮，可以在生成的曲线上添加节点来改变曲线，达到改变图像的目的。
- ✐ 按钮：激活此按钮，可在曲线预览图上自由绘制曲线来对图像进行调整。
- 平滑(M) 按钮：只有激活 ✐ 按钮时，该按钮才可用，单击此按钮，可以使图像的颜色变得平缓柔和。
- ✐✐✐ 按钮：分别是黑场吸管、灰场吸管和白场吸管。黑、白、灰场吸管的使用方法和色阶内基本相同。

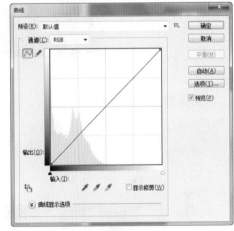

图2.2.76

执行快捷键Ctrl+O，弹出"打开"对话框，打开随书所附光盘中名为"展厅"的图片，调整曲线预览图中的曲线，可获得不同的图像明暗度的变化。调整右上角的节点，输入值变小，图像亮部变亮。输出值变小，图像亮部变暗。调整效果如图2.2.77所示。

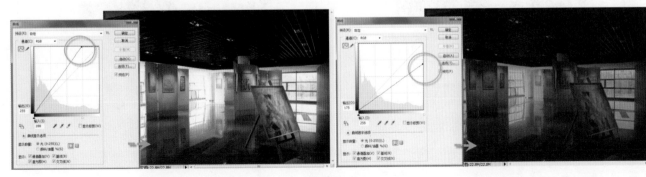

图2.2.77

调整右下角的节点，输出值变大，图像暗部变亮。输入值变大，图像亮部变暗。调整效果如图2.2.78所示。我们可以在曲线上单击获取调节点，调节点是我们调整曲线的基点，最多可以向曲线中添加14个调节点。调整曲线中间节点，可以使图像中间层次的明度提亮或变暗。如图2.2.79所示。

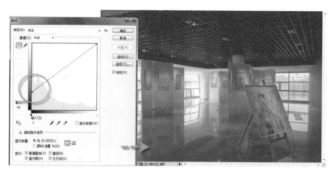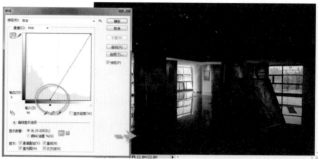

图2.2.78

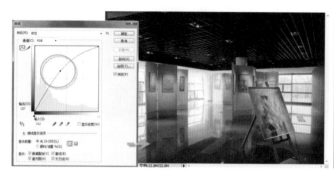

图2.2.79

3.亮度/对比度调整法

【曲线】命令主要针对图像进行亮度和对比度的调整，该命令只能对图像进行整体调整，对单个通道不起作用。选取菜单栏中的【图像】/【调整】/【亮度/对比度】命令（快捷键Ctrl+M），弹出的【亮度/对比度】对话框，将滑竿中的三角形移动，可以调节图像的明暗对比度的变化，效果如图2.2.80所示。

原图   调整后的效果

图2.2.80

2. 改变彩色图像为黑白图像的四种方法

在平面设计中，常常会把彩色照片处理成黑白照片，对于黑白照片的处理需要根据设计要求来决定，如果是摄影艺术机构，对照片处理和调整的要求会更高，通过黑白的影调、颗粒、质感和视觉吸引力等要素来考虑。

1.去色调整法

选取菜单栏中的【图像】/【调整】/【去色】命令（快捷键Shift+Ctrl+U），通过弹出的【去色】对话框，可以直接将图片转换为黑白照片，如图2.2.81所示。

2.色相/饱和度调整法

选取菜单栏中的【图像】/【调整】/【色相/饱和度】命令（快捷键Ctrl+U），通过弹出的【色相/饱和度】对话框，将饱和度值输入为-100，可以直接将图片转换为黑白照片，如图2.2.82所示。

3.自然饱和度调整法

选取菜单栏中的【图像】/【调整】/【自然饱和度】命令，在弹出的【自然饱和度】对话框中将饱和度值输入为-100，即可将图片直接转换为黑白照片，如图2.2.83所示。

图2.2.81

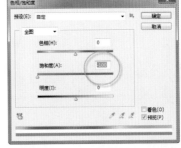

图2.2.82

图2.2.83

4.黑白调整法

Photoshop CS5中新增了【图像】/【调整】/【黑白】命令，利用此命令不但可以快速的将图像转换成黑白效果，而且可以根据图像的效果单独调整各个单色的明暗度，就像照相机的滤镜效果一样，如图2.2.84所示。

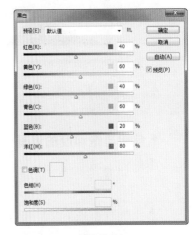

- 【预设】：用于选择系统预定义的混合效果。
- 【颜色】：调整图像中特定颜色的色调，用鼠标拖曳相应颜色下方的滑块，可使图像所调整的颜色变暗或变亮。
- 自动(A) 按钮：单击此按钮，图像会自动产生最佳的黑白效果。
- 【色调】：勾选此复选框，可将彩色图像转换为单色图像。用鼠标调整下方的色调滑块可更改色调颜色；调整下方的饱和度滑块可以提高和降低饱和度。单击右侧的色块可以弹出【拾色器】对话框进一步调整色调的颜色。

图2.2.84

选取菜单栏中的【图像】/【调整】/【黑白】命令，在弹出的【黑白】对话框中设置改变红色、黄色、绿色数值，可以改变草莓、叶子的各颜色影像黑白反差。如图2.2.85所示。

图2.2.85

我们也可以对一张黑白照片，通过调整各色调滑块来提高色调的黑白反差，更好地呈现画面的细节和质感，如图2.2.86所示。

图2.2.86

5.阈值调整法

【阈值】命令是将彩色图像转换为黑白两个色阶的黑白图像，没有灰度色阶的变化。选取菜单栏中的【图像】/【调整】/【阈值】命令，弹出的【阈值】对话框，如图2.2.87所示。在对话框中调整小三角滑块，可以把图像中所有比阈值色阶亮的像素转换为白色，把比阈值色阶暗的像素转换为黑色，原图与生成效果如图2.2.88所示。

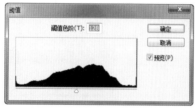

图2.2.87

图2.2.88

3. 改变画面颜色的五种方法

1.色相与饱和度的调整

【色相/饱和度】命令可以调节整个图像或是图像中单个颜色像素的色相、饱和度和明度。如图2.2.89所示。

- 【编辑】选项：选择需要调整的色彩范围。在选择【全图】选项时，此命令会对所有的颜色进行整体的调整；选择各单色选项时，可以对所选择的单色进行单独调整。

- 【色相】选项：即指单选红、橙、黄、绿、青、蓝、紫等单色，调整三角形滑块，可以改变图像的颜色。

- 【饱和度】选项：即颜色的鲜艳

图2.2.89

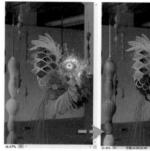

图2.2.90

度。在此选项右侧窗口中输入正值或将滑块向右移动，可以增加图像颜色的饱和度，输入负值或将滑块向左移动，可以降低图像颜色的饱和度。

- 【明度】选项：即图像的明暗度。在此选项右侧窗口中输入正值或将滑块向右移动，可以提高图像的亮度，输入负值或将滑块向左移动，可以降低图像的亮度。

- 按钮：可以从图像中选取颜色来编辑范围，在【编辑】选项中选择【全图】选项时，该按钮不能使用，只有选择单个颜色时，此按钮才激活。激活按钮可以具体编辑所调色的范围；激活按钮可以增加所调色的范围；激活 按钮可以减少所调色的范围。

　　执行快捷键Ctrl+O，弹出"打开"对话框，打开随书所附光盘中名为"面具"的图片，按快捷键Ctrl+U，弹出的【色相/饱和度】对话框，选择【全图】选项，调整小三角滑块改变色相值，可以改变整张图像的色彩，如图2.2.90所示。也可以在【全图】选项中选择单色选项红色，将红色色相值输入115，然后再将黄色、蓝色、青色选项的饱和度值分别输入-100，获得灰色的图像，参数和最终效果如图2.2.91所示。

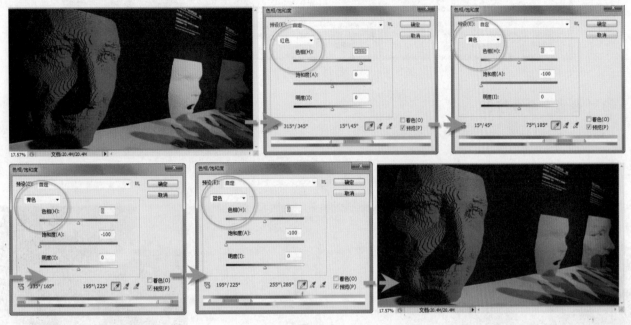

图2.2.91

2.色彩平衡调整颜色

　　【色彩平衡】命令是针对图像的高光、中间色调、暗调三大区域的色彩校色进行平衡处理。选取菜单栏中的【图像】/【调整】/【色彩平衡】命令，弹出的【色彩平衡】对话框，如图2.2.92所示。

图2.2.92

　　●【色彩平衡】选项：通过调整其下的【色阶】值或拖动下方的滑块，即可达到图像的目的。这里主要是分清颜色之间的补色或减色关系，增加黄色即减少蓝色。

　　●【色调平衡】选项：用于选择需要调整的色调范围，暗调、中间调、高光调三大色调区。

　　》【保持亮度】选项：勾选此选项，对图像进行调整时可以保持图像的亮度不变。

　　执行快捷键Ctrl+O，弹出"打开"对话框，打开随书所附光盘中名为"花蕾"的图片，执行【选择】/【色彩范围】命令，在橙色花心处点选，获取花心的选区，参数和选区效果如图2.2.93所示。

图2.2.93

执行【图像】/【调整】/【色彩平衡】命令，弹出的【色彩平衡】对话框，要把橙色去掉，我们就要分别在高光和中间调上减去黄色和红色，参数和效果如图2.2.94所示。

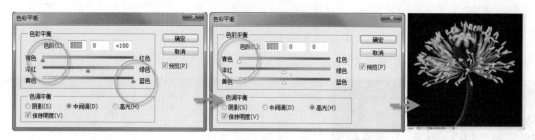

图2.2.94

3.【曲线】命令校色

【曲线】命令可以调整图像整体色调及色彩平衡。按快捷键Ctrl+M，在弹出的【曲线】对话框中的【通道】选项中可以调整单色色彩通道，达到调整色彩的目的。以下建筑原图整个色调偏蓝色，需要减去蓝色通道的颜色，增加红色通道的颜色。参数和效果如图2.2.95所示。

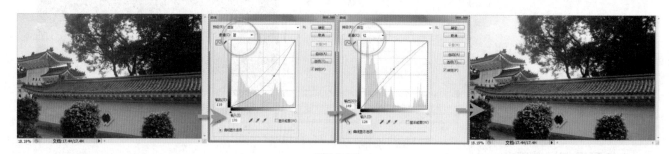

图2.2.95

4.替换图像中的颜色

【替换颜色】命令可以在图像文件中用设置的样本色来替换特定的颜色范围，样本色的色相、饱和度和亮度都可以在【替换颜色】对话框中分别设置。

- 【颜色容差】选项：决定替换颜色的范围，数值越大，替换颜色的范围越大。
- 【选区】选项：点选此选项，预览框中显示的白色部分是将要替换的特定颜色范围。
- 【图像】选项：点选此选项，预览框中显示要替换颜色的图像。
- 【替换】选项：可以通过色相、饱和度和明度来替换颜色，也可以单击【结果】色块，直接选择一种颜色来替换原颜色。
- 吸管工具：选择第一个吸管，将鼠标光标移到图像文件中单击，可以吸取要替换的颜色，利用带"+"的吸管在图像文件中单击可以增加替换的颜色，利用带"–"的吸管在图像文件中单击可以减少替换的颜色，但只有在增加替换的颜色后，此工具才可用。

图像原图替换颜色参数和替换后画面效果如图2.2.96和图2.2.97所示。

图2.2.96

图2.2.97

5.【变化】命令调整图像中的颜色

利用【变化】命令可以直观地调整图像的颜色、亮度和饱和度。如图2.2.98所示，此命令常用于调整一些不需要精确调整的平均色调的图像，该命令直观性强，只是该命令不能用于索引模式的图像。

- 对话框顶部的两个效果图分别显示原始图像（或选区）和调整后的图像（或选区）。第一次打开对话框时，两个效果图是一样的，当进行调整后，右边的图像是调整后的图像。
- 在对话框左下方区域中，中间的当前挑选是正待调整的原图，单击任何加色效果图，都可以在原图中添加相应的色调。
- 【阴影】、【中间色调】和【高光】选项：决定图像中要调整的颜色范围。
- 【饱和度】选项：决定调整图像的饱和度。点选此选项，【变化】对话框会变成如图2.2.99所示的形态，其左下方的区域中，中间效果为调整后的图像效果，单击左侧的图像可以降低图像的饱和度，单击右侧的图像可以增加图像的饱和度。
- 【精细/粗糙】选项：决定每次调整的幅度大小。向右拖动滑块每次调整图像的变化大，即单击效果图一次图像变化大，向左拖动滑块每次调整图像的变化小，即单击效果图一次图像变化小。
- 【精细/粗糙】选项：勾选此选项，当调整效果超出了最大的颜色饱和度时，相应区域将以霓虹灯效果显示。注意，当选择【中间色调】选项时，霓虹灯效果不再显示。

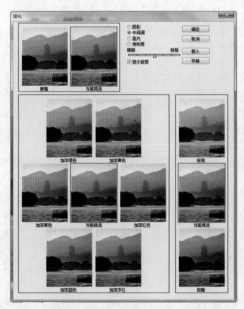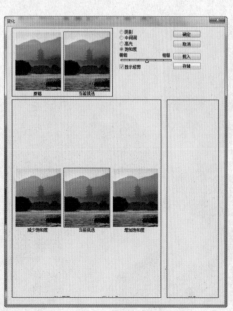

图2.2.98　　　　　　　　　　　图2.2.99

照片后期设计

项目说明：

　　图片合成创意技能，是平面创意中的必需手段，围绕创意核心，学会添加不同类型的元素或手法素材，进行不同风格的艺术化处理。

　　本章通过2个典型的照片艺术设计项目和1个拓展案例把多个知识点穿插在制作过程中，练习图片处理中需要的各种技能。

学习重点：

● 针对不同图片确定创意风格；

● 学会选取、编辑和处理不同意术风格的元素、素材；

● 学会统一把握作品中合成色调光线和角度等的统一问题。

2.3 人像后期创意设计

2.3.1 项目描述分析

1. 项目描述

摄影广告、摄影作品集设计都是摄影艺术机构设计的主要项目，其类型主要以商业广告摄影、婚纱摄影、人像写真为主。人像摄影也要根据当前时代的流行趋势，以时尚新潮、清新自然、优雅妩媚、活泼可爱、古典唯美等为方向进行形象设计，展示最美丽、最璀璨的照片。并且通过精巧的细节修化，和谐的色彩调配，丰富的版面设计来最终完成成品出片。该人像商业摄影广告是泉摄影艺术机构所提供的个人写真作品集，最终成果如图2.3.1所示。作品遵循着泉摄影一贯的清新、自然、时尚的风

图2.3.1　人像写真摄影集艺术设计

格，添加流行设计元素并配以和谐的色彩搭配，展现个人独有的个性魅力。也体现出独创的泉摄影处理手法以及色系处理技术，使设计的图片锦上添花、光彩夺目。

尺寸：横向，300像素/英寸　尺寸42cm×30cm

用纸：200g铜板纸印刷，无需压膜

本艺术影集作品内主要由主体形象、美化图形背景、LOGO与文字四个部分组成。下面通过摄影广告中的图文元素、色彩配合、LOGO与文字这3个方面详细对本产品进行介绍。

- 主题形象：由于杭州是个适合旅游休闲的现代化都市，符合都市时尚的摄影理念，深度的审美取向，根据当季最流行的妆面、时下最时尚的造型，同时根据我们亚洲人特有的肤色和五观特征，将专业的化妆技术和世界每年变幻的流行元素相结合，在众多摄影图片中，优选出适合中国人充满时尚感的形象造型，使作品充满现代层次感。
- 配色与图形：本作品以绿黄相间的清新色为主调，给人清新、浪漫、时尚的气息。通过绘制大量的花卉图案，其色调同花蕾叶片的颜色相协调，通过大小对比、虚实相映的设计手法将摄影人像拥簇起来。
- LOGO与文字：为体现女性柔美、时尚的特性，根据字体形状反映的性格特征选用细圆字体更显秀丽、优美。正文小而精致，讲究品位。

2. 任务目标

最终目标：学会制作人像后期创意设计。

促成目标：

（1）了解时尚写真项目的设计理念；

（2）掌握后期创意设计的制作流程；

（3）能够收集相关的创作素材；

（4）能够根据要求制作不同风格的后期创意设计。

3．任务要求

任务1：人像后期的创意与构思。

任务2：人像创意设计作品集内页的制作。

4．教学过程设计

（1）学生对该图片进行分析、挖掘要素、设计开发；

（2）学习图片的色系处理的技能操作；

（3）学生对图片进行技术合成和设计修正。

5．设计流程（见图2.3.2）

①按照实际尺寸建立文件，抠图置入人像

②添加装饰喇叭花图形元素

③为人像进行校色提亮处理

④ 添加头花造型，处理画面色调为黄绿色

⑤绘制透明色调，虚实交错

⑥在右下方输入主标题和文字

图2.3.2

6．操作要点分析

（1）利用抠图工具准确的抠选主体人像；

（2）通过蒙版进行图像合成；

（3）利用图层调节层进行高级色彩的完美修饰。

2.3.2 制作步骤

（1）执行菜单【文件】/【新建】命令（快捷键为Ctrl+N），在打开的【新建】对话框中输入名称为"泉摄影"，自定义宽度为42厘米，高度为20厘米，分辨率为200像素/英寸，单击【确定】按钮，创建一个新文件，如图2.3.3所示。

（2）执行菜单【文件】/【打开】命令，弹出"打开"对话框，打开随书所附光盘中名为"写真人像"的图片，选择工具栏中的魔棒工具，不勾选【连续的】选项，单击人像灰色背景，执行菜单【选择】/【反向】命令，得到如图2.3.4所示的选区效果。

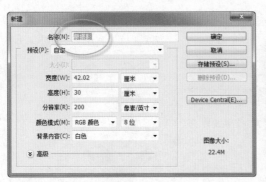
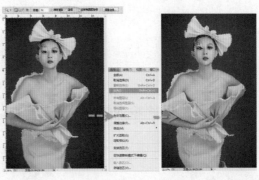

图2.3.3　　　　　　　　　　　　　　　图2.3.4

（3）选择工具栏中的多边形套索工具按钮，羽化为2 px，在头发处的轮廓边缘单击，随即松开鼠标出现绘制选区的起始点，沿着人像头发的轮廓单击鼠标并移动，当光标沿着头发边缘单击一圈回到原始位置时，鼠标光标的右下角会出现一个圆圈，单击鼠标左键，将闭合套索，画面绘制的选区将添加入人像的选区内，即出现如图2.3.5所示的精确选区。

（4）选择工具栏中的移动工具按钮，将光标放置到选区内的人像中按下鼠标左键，然后向"泉摄影"主文件拖曳，将人像移动复制到"泉摄影"主文件中，得到图像效果如图2.3.6所示。

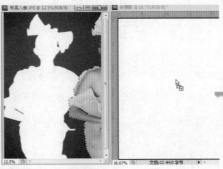

图2.3.5　　　　　　　　　　　　　图2.3.6

（5）打开随书所附光盘中名为"牵牛花"的图片，选择工具栏中的多边形套索工具按钮，羽化为0 px，沿着花卉边缘的轮廓绘制花卉的精确选区，如图2.3.7所示。选择工具栏中的【仿制图章】按钮，单击属性栏中的 按钮，打开笔头选项下拉列表，选择合适大小的笔头，如图2.3.8所示。按Alt键，将鼠标光标移动到要复制的位置单击鼠标，确定复制图像的取样点，松开Alt键，然后将鼠标移到花与叶重叠的图像位置并拖曳鼠标，进行完美修复。如图2.3.9所示。

图2.3.7

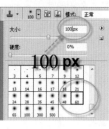
图2.3.8

图2.3.9

（6）用上面所学的移动复制的方法，将花卉画面移动复制到"泉摄影"文件中，并且放置到画面中，按快捷键Ctrl+T调出自由变换框，按住Shift键，将鼠标光标放置在定界框四个角的调节点上，按下鼠标拖曳，可对图像进行任意缩放命令。当光标移动至定界框的边线上，鼠标显示为弧形的双向箭头时拖曳鼠标，图像以调节中心为轴进行旋转。调整完毕后按Enter键确认变换，如图2.3.10所示的位置。

图2.3.10

（7）使用相同的方法为图像添加其他花卉图片，得到的图像效果如图2.3.11所示，将鼠标光标放置到"图层4"，在"图层4"文字上双击,将其更名为"头花"， 如图2.3.12所示。

图2.3.11

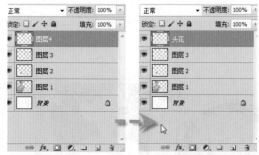
图2.3.12

（8）执行菜单【图像】/【调整】/【色相/饱和度】命令（快捷键为Ctrl+U），将弹出【色相/饱和度】的对话框，设置参数如图2.3.13所示。将鼠标光标放置到图层"头花"上按下鼠标左键并向下拖曳至图层面板下方 按钮处复制图层，得到图层"头花副本"，如图2.3.14所示。

图2.3.13

图2.3.14

（9）按快捷键Ctrl+T调出自由变换框，按住Shift键，用前面所学的方法将复制的头花放大、旋转，如图2.3.15所示，调整完毕后按Enter键确认变换。选择多边形套索工具 按钮，绘制如图2.3.15所示的选区，按Delete键删除多余的叶子，按快捷键Ctrl+D取消选区。然后将图层"头花副本"的不透明度设置为50%，如图2.3.17所示。

图2.3.15　　　　　　　　　　图2.3.16　　　　　　　　　　图2.3.17

（10）单击图层面板"图层3"，再单击图层下方的 按钮，新建图层"图层4"，如图2.3.18所示。在工具栏单击渐变填充 按钮，然后选择属性栏中径向渐变 按钮，单击 按钮，弹出【渐变编辑器】对话框，在预置栏中选择前景到背景渐变按钮，如图2.3.19所示。单击工具栏中的按钮 ，设置上面的前景色色块，在弹出的【拾色器】对话框中设置颜色，如图2.3.20所示，单击"确定"按钮。

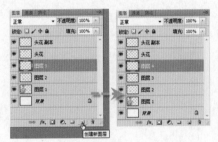

图2.3.18　　　　　　　　　　图2.3.19　　　　　　　　　　图2.3.20

（11）单击鼠标由起点向终点拖曳拉出一条渐变的轨迹，重复渐变2次，得到的图像效果如图2.3.21所示。将光标移到"图层3"并将其拖曳到"图层4"上，放开鼠标，让"图层3"放置在"图层4"的上方，如图2.3.22所示。

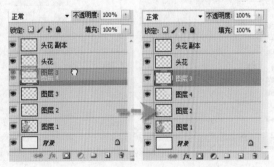

图2.3.21　　　　　　　　　　　　　　图2.3.22

（12）在【图层】面板上方的【图层混合模式】中，单击模式选项右侧的 按钮，弹出下拉菜单，将混合模式设置为"强光"模式，将不透明度设置为77%，如图2.3.23所示。图像效果如图2.3.24所示。单击【图层】面板下方的添加矢量蒙版 按钮，为"图层3"添加蒙版，如图2.3.25所示。

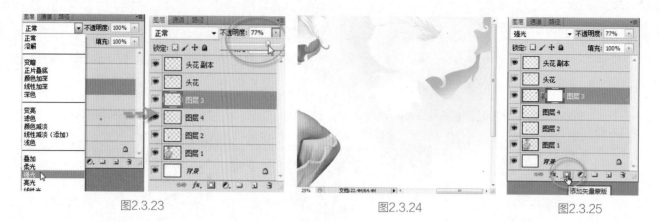

图2.3.23 图2.3.24 图2.3.25

（13）将前景色设置为黑色，选择工具箱中的画笔工具，单击属性栏中的 · 按钮，打开笔头选项，在下拉列表中选择合适的笔头，将不透明度设置为20%，在图像中花卉部分涂抹，笔头参数设置和图层蒙版显示如图2.3.26所示。调整后图像效果如图2.3.27所示。

（14）单击图层面板"图层1"，将光标移到图层面板下方的创建调节层按钮，单击弹出下拉菜单，选择亮度与对比度，设置参数如图2.3.28所示。

图2.3.26 图2.3.27

图2.3.28

（15）选择工具栏中的钢笔工具 按钮，在属性栏中单击 按钮，在人像头花下方单击并拖动，即可拉出曲线路径，当鼠标移到创建路径的起始点位置，鼠标右下角会出现一个圆形的标志，单击鼠标闭合路径。选择工具栏中的直接选区工具 按钮，单击路径锚点激活为黑色，则出现两端的方向点，移动方向点调整路径形状如图2.3.29所示。将光标移到路径外图像上单击，取消对路径锚点的编辑。

（16）在【路径】面板的下方单击路径作为选区载入 按钮，此时路径转换为选区，单击工具栏中的按钮，设置上面的前景色色块，在弹出的【拾色器】对话框中设置颜色，单击"确定"按钮，如图2.3.30所示。按快捷键Alt+Delete填充前景色，得到如图2.3.31所示的图像。

图2.3.29

图2.3.30

图2.3.31

（17）将图层面板上的"头花"移到"图层5"的上方，成为"图层5"的上方层，在图层"头花"上按鼠标右键打开下拉菜单，选择"向下合并"，合并两个图层。在【图层】面板的下方单击图层样式 fx 按钮，在弹出的下拉菜单中选择"投影"选项，如图2.3.32所示。图像效果如图2.3.33所示。

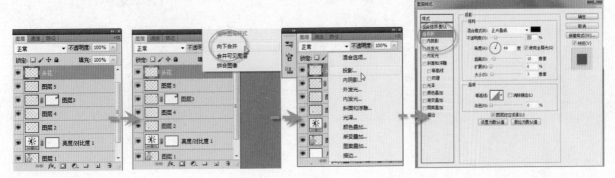
图2.3.32

（18）单击图层面板下方的新建 按钮，新建图层"图层9"，选择工具栏中的直线套索工具 按钮，沿着眉毛边缘绘制如图2.3.34所示的选区，单击工具栏中的 按钮，设置上面的前景色色块，在弹出的【拾色器】对话框中设置颜色，按Alt+Delete快捷键填充前景色，得到如图2.3.35所示的图像。

图2.3.33

图2.3.34

图2.3.35

（19）在【图层】面板上方的【图层混合模式】中，单击模式选项右侧的 按钮，弹出下拉菜单，将混合模式设置为"颜色加深"模式，参数和图像效果如图2.3.36所示。

（20）打开随书所附光盘中名为"飘带"的PSD文件，如图2.3.37所示。将图层"飘带"拖曳到"泉摄影"主文件中，将不透明度值设置为78%，如图2.3.38所示。

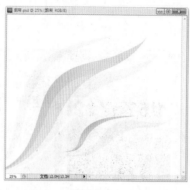

图2.3.36   图2.3.37   图2.3.38

（21）调整飘带到如图2.3.39所示的位置。将图层"飘带"移到"图层2"的下方，图像效果如图2.3.40所示。打开随书所附光盘中名为"喇叭刺香"的PSD文件，将文字图层移到画面合适的位置，最终效果如图2.3.41所示。

图2.3.39   图2.3.40   图2.3.41

2.3.3　操作习题

参照本项目所学的抠图、校色方法，打开所附光盘中练习一文件中的人像和素材图片，自由发挥想象，根据自己的设计风格添加喜欢的设计元素，最终合成一张具有创意的艺术照片。

参考效果如图2.3.42所示。

图2.3.42

照片合成处理

项目说明：

　　设计中需要图片，图片是设计的基本素材。所以能够将一张照片处理成可以为我所用的设计素材是进行设计的前提条件。不同的设计作品对图片的编辑与处理的要求也有所不同，同时还要学会如何对不同风格的照片进行艺术化的处理。

学习重点：

- 学会分析照片中存在的问题；
- 学会针对不同图形的各种抠图技巧；
- 学会照片的修复、校色的各种处理手法；
- 学习修复操作使照片的影像清晰完整。

2.4 照片处理

2.4.1 项目描述分析

1. 项目描述

摄影作品的美化处理是摄影艺术机构设计的基础项目。Photoshop的图像处理技术为摄影提供了新的创作观念和强大的技术手段。将拍摄素材拼接或在原图上修饰完善这类技术的最大特点是很难看出后期制作的痕迹，具有一次拍摄完成的真实感。在透视、色彩、质感等方面遵守光学成像的规律，使作品看上去像是拍出来的，而不是制作出来的。

图2.4.1所示为泉摄影艺术机构提供的个人写真作品集中的人像商业摄影广告。

尺寸：纵向，300像素/英寸　尺寸42cm×30cm

用纸：200g铜板纸印刷，无需压膜

本艺术影集作品内主要由主体形象、美化图形背景两个个部分组成。通过两张摄影中的图文元素、色彩配合2个方面详细对本产品介绍。

图2.4.1

- 主题形象：现代化都市的人像摄影必须符合都市时尚的摄影理念，具有深度的审美取向，人像要充满现代层次感，图片的色彩，构图以及元素的搭配，能给人很强烈的视觉感受，甚至让人过目不忘，给人耳目一新的感觉。
- 配色与图形：本作品以紫色为主调，给人优雅、浪漫、时尚的感觉。利用摄影"蒙太奇"的手法实施背景置换，通过色调处理、完美修复、虚实相映的设计手法将摄影人像拥簇起来。

2. 任务目标

最终目标：学会制作人像图片合成设计。

促成目标：

（1）了解时尚写真项目的设计理念；

（2）掌握写真艺术设计的制作流程；

（3）能够收集相关的创作素材；

（4）能够根据要求制作不同风格的人像合成。

3. 任务要求

任务1：人像写真的创意与构思。

任务2：写真影集内页的制作

4. 教学过程设计

（1）学生对该图片进行分析、挖掘要素、设计开发；

（2）学习图片的色系处理的技能操作；

（3）学生对图片技术合成和设计修正。

5. 设计流程（见图2.4.2）

①将人像图片移到樱花图片中

②扣选人像的选区，去除多余的背景

③修复婚纱的背景部分

④调整人像的色调为偏紫色

⑤提高人像的亮度与透明度

⑥整体调整照片背景的基调

图2.4.2

6. 操作要点分析

（1）利用抠图工具准确的抠选主体人像。

（2）通过蒙版进行图像合成。

（3）利用图层调节层进行高级色彩的完美修饰。

2.4.2 制作步骤

（1）按快捷键Ctrl+O，弹出"打开"对话框，打开随书所附光盘中名为"樱花素材1"、"樱花素材2"的图片，选择工具栏中的移动工具 ▸✛ 按钮，将"樱花素材1"移到"樱花素材2"图像中，生成"图层1"。如图2.4.3所示。

图2.4.3

（2）选择工具栏中的多边形套索工具 ▽ 按钮，将属性栏的羽化值设置为1，沿着人像边缘抠图获取精确人像选区，单击图层面板下方的添加图层蒙版 ◎ 按钮，即将人像选区以外的部分进行隐藏。如图2.4.4所示。

图2.4.4

🔍 小提示 Tips

在图像文件中创建蒙版的方法比较多，在菜单栏中执行【图层】/【图层蒙版】/【显示全部】，也会得到一个图层蒙版。当图像添加蒙版之后，蒙版中显示黑色的区域将是画面被屏蔽的区域，即透出底层的区域。

（3）单击蒙版小预览图，选择工具栏中的画笔工具 ✐ 按钮，单击工具属性栏中的 ▾ 按钮，打开下拉式对话框，选择一支带有羽化的笔头，然后在人像的裙子边缘处涂抹，使裙子的清晰边界变得模糊自然。如图2.4.5所示。

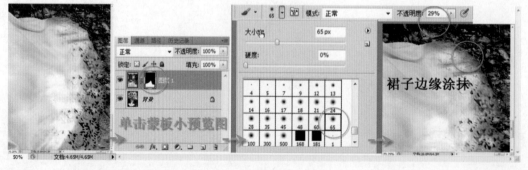

图2.4.5

（4）在"图层"面板上将"图层1"拖到创建新图层 ▣ 按钮上，得到"图层1副本"图层。将"图层1副本"图层混合模式设置为"滤色"，将不透明度设置为27%，得到更改混合模式后的效果，发现人像色调已经整体提亮。参数设置及效果如图2.4.6所示。

图2.4.6

（5）执行菜单【选择】/【载入选区】命令，弹出【载入选区】的对话框，单击"确定"按钮，如图2.4.7所示。单击图层面板下方的创建新的填充或调节图层 ◑ 按钮，弹出下拉式菜单，选择"色彩平衡"，创建新的"色彩平衡1"调节层，如图2.4.8所示。

图2.4.7   图2.4.8

小提示 Tips

调节层即在当前层的上方新建一个层，通过蒙版调整其下方图像的色调、亮度和饱和度等。在【图层】面板的调节层中，图层名称前面的窗口为图层蒙版缩览图，蒙版缩览图前面的窗口为图层缩览图，双击图层缩览图可以重新调整调节层的效果。

（6）在弹出的"色彩平衡"对话框中，分别设置图像的阴影、中间调和高光的参数设置，更改人像的整体色彩基调。如图2.4.9所示。

（7）接下来调整人像脸部和肌肤的色调。选择工具栏中的多边形套索工具 ☑ 按钮，羽化值设置为8px,图层中单击图层面板下方的创建新的填充或调节图层 ◑ 按钮，弹出下拉式菜单，选择"色相/饱和度"，创建新的"色相/饱和度1"调节层，参数设置如图2.4.10所示。再单击调节图层 ◑ 按钮，弹出下拉式菜单，选择"色彩平衡2"，创建新的"色彩平衡2"调节层，参数设置和调整后效果如图2.4.11所示。这时人像脸部肤色呈靓丽的偏紫色调。

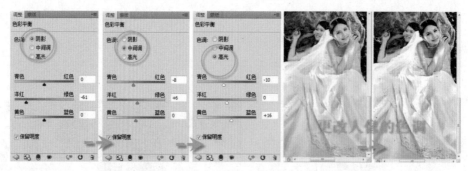

图2.4.9

图2.4.10

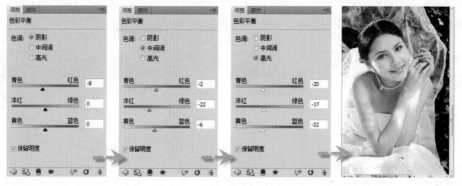

图2.4.11

（8）单击"背景"图层，然后单击其他图层缩览图前的指示图层可视性👁按钮，将其都隐藏。选择工具栏中的仿制图章工具🖱按钮，在其属性栏中单击▾按钮，在弹出的下拉菜单中选择带有羽化的笔头，按住键盘上的Alt键，在要复制的位置单击鼠标，鼠标单击处的位置为复制图像的取样点，松开Alt键，然后将鼠标移到需要复制图像的位置拖曳鼠标，将复制新的婚纱。不断的改变取样点位置进行复制，可以使复制的婚纱更生动自然。参数设置和调整后的效果如图2.4.12所示。

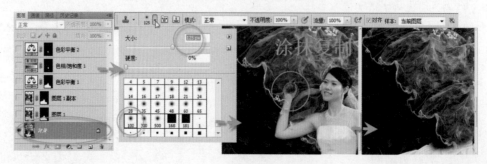

图2.4.12

（9）单击图层缩览图前的指示图层可视性 👁 按钮，将所有图层，显示。选择图层背景，单击调节图层 ⊘ 按钮，弹出下拉式菜单，选择"色彩平衡"，创建新的"色彩平衡3"调节层，参数设置如图2.4.13所示。

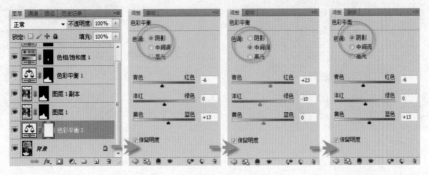

图2.4.13

（10）选择工具栏中的画笔工具 ✑ 按钮，在其属性栏中单击 • 按钮，在弹出的下拉菜单中选择带有羽化的笔头，笔头大小为500px，将光标移到人像周围的婚纱区域和周边进行涂抹，这时蒙版缩览图中出现黑色，透出背景层的色调。参数设置和调整后的效果如图2.4.14所示。

图2.4.14

💡 **小提示 Tips**

利用画笔工具进行蒙版时，难免因为失误蒙住了不必要的区域，此时只需要将前景色设置为白色，再利用画笔工具在图像中涂抹，即可恢复没有用蒙版前的图像效果。前景色与背景色互换的快捷键为英文"X"键。

（11）单击调节图层 ⊘ 按钮，弹出下拉式菜单，选择"亮度/对比度"，创建新的"亮度/对比度2"调节层，参数设置和最终调整后的效果如图2.4.15所示。

图2.4.15

2.4.3 操作习题

参照本项目所学的抠图、校色方法，打开所附光盘中练习二文件中的人像和素材图片，将图片处理成剥落的墙皮呈现出画报的效果，参考效果如图2.4.16所示。

原图   合成后图像

图2.4.16

2.5 学习拓展

2.5.1 创意延伸——实战掌握"蒙版与混合选项"运用技巧

蒙版是照片合成中运用的重要操作。以下的案例分别展示如何综合利用"混合选项"与图层蒙版、Alpha通道合成图像。

（1）打开所附光盘中名为"树皮肌理"、"环保图标"的图片，选择工具栏中的移动工具 按钮，将"环保图标"移到"树皮肌理"图像中，生成"图层1"。设置其混合模式为"正片叠底"。效果如图2.5.1所示将"图层1"拖动到面板右下方的创建新通道 图标，释放鼠标左键，创建"图层1副本"。如图2.5.2所示。

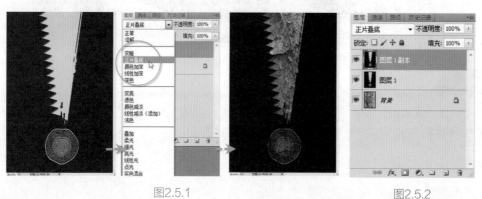

图2.5.1   图2.5.2

（2）隐藏"图层1"、"图层1副本"只显示"背景"图层，选择"通道"调板，用鼠标左键单击蓝色通道，按住鼠标拖动到面板右下方的创建新通道 图标上，释放鼠标左键，创建"蓝副本"通道。按快捷键Ctrl+L弹出色阶对话框，调整亮部与暗部对比，参数设置与效果如图2.5.3所示。

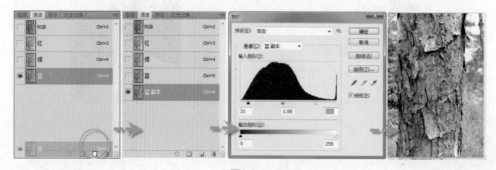

图2.5:3

（3）选择磁性套索工具 按钮，按住Shift键绘制如图2.5.4所示的选区，设置前景色为黑色，按快捷键Alt+Delete填充选区。按住Ctrl键单击"蓝副本"的小缩览图以调出其选区，选择"图层"面板，单击"图层1"、"图层1副本"缩览图前的指示图层可视性 按钮，将图层显示。选择"图层1副本"图层，如图2.5.5所示。

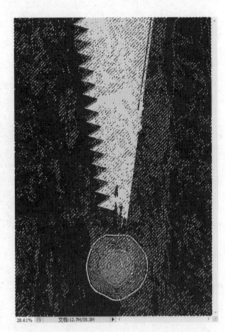

图2.5.4 图2.5.5

（4）单击添加图层蒙版 按钮，得到如图2.5.6所示的效果。复制"图层1"得到"图层1副本"，设置其混合模式为"强光"，得到如图2.5.7所示的效果。

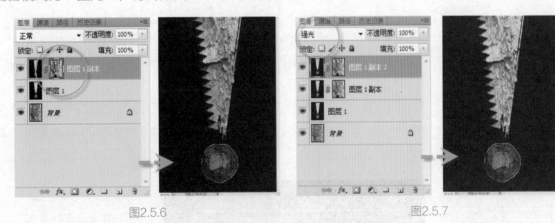

图2.5.6 图2.5.7

2.5.2 优秀图片处理赏析

动手练习可以巩固已掌握的技能，而多看优秀的设计作品，不仅能提高自身的鉴赏能力，更是激发灵感的好方法。下面来看几张典型的照片后期创意设计作品，以便大家设计时借鉴与思考。

1 商业照片艺术设计

商业人像的角度，后期创意设计主要应用在产品广告、电影海报服装、摄影及杂志等方面。针对商业性，创意设计更多的是以展现视觉冲击力为主。在国外，这种创意商业人像非常盛行，其效果有时会令人匪夷所思，或拍案叫绝或毛骨悚然。因为大胆的想象和超乎常人的思维以及不拘一格的形式，常常会受到商家或客户的青睐，其发展前景令人看好。

　　图2.5.8所示的这张照片后期创意作品主要是用于杂志画册的内页设计，因为有了特定的图片做前提，主要以抠图和合成为主，营造一种梦幻光影的效果，只要考虑到素材的光线、角度统一问题，前期拍摄和校色统一问题做到了位，合成起来就游刃有余了。而商业类照片要满足一定的商业要求，所以思路上要跟商家进行沟通，设计思路上会相对受限制些。

图2.5.8

② 非商业照片艺术创意设计

　　图2.5.9所示的这张照片后期创意作品是艺流文化传播有限公司设计的作品。此类设计属于自由设计，图片的合成创意技能是平面创意中必需的手段。围绕创意作品的核心，把具有光学摄影、独特质感和细节照片重新虚拟场景。把现实生活中不在一个空间的影像"错位、幻想"在一起。这张作品是利用多个素材和鼠标描绘相结合的一种创意合成。运用了草地、帽子、自行车和花纹等多个素材，添加素材一定要按照光线的光照效果和方向去做适当的调整，用钢笔工具将人物的头发处理成被风吹动的夸张动态效果，添加百合、小花和星光等类似的手绘素材来营造画面的气氛。

　　图2.5.10所示的这张照片后期创意作品是泉摄影艺术机构设计的一张人像插画。除了对人物的皮肤、整个妆面的效果处理之外，人物的造型将某些经典的文化素材进行提炼，与当下流行的时尚元素嫁接，使用手绘花卉、线描呈现夸张效果。手绘素材与真实风景照素材有着很大的区别。手绘类的素材颜色简单，色彩过度少，合成方便，特别是针对在纯色背景前拍摄的照片，添加同色的手绘素材，再用蒙版把人擦出来，若有不足也可继续修改素材。

图2.5.9　　　　　　　　　　　　　　　　图2.5.10

第3章
图形类平面设计

公益海报设计

项目说明：

　　本章节通过1个典型的绘图类海报设计和2个实际应用案例把多个知识点贯穿在一起。技巧提示穿插在制作过程中，使读者在练习案例中学会根据画面需求灵活运用路径、图形、笔刷工具绘制完美图形，并且掌握文字变形及文字排版的各种技能。

学习重点：

- 了解海报招贴设计形式；
- 学会图形海报的绘制与编辑技巧；
- 拓展广告创意思维。

3.1 海报设计的基础知识

学前导读

有人说建筑是设计之母，电影是媒体之母，那么招贴艺术可以说是广告之母。在相当长的时间内，招贴的展示形式已被当做"街头博物馆"或中下层社会的"艺术画廊"。尤其在法国、德国、波兰、日本以及北欧的芬兰、瑞典和丹麦。在欧洲，很多的海报博物馆肩负了重要的的使命，从而证实了招贴是艺术、时间和文化的载体。尽管在以数字信息为背景的媒体传播时代里招贴媒体已不占主流地位，但招贴设计仍然作为今天高校艺术设计类专业的主要课程和数字媒体行业所推崇。这是因为它是一种独立的视觉语言，其图形语言是口语和文字所无法表达的。它是一种无声的世界语，用最简单的语言表现了最深刻的思想。

3.1.1 广告的社会功能

1.招贴传递信息

招贴属于广告的一种表现形式，也称为海报，它开启了信息传递的新纪元，一直伴随人类文明和经济的发展。从19世纪中叶工业革命产生，到数字网络的普及，以信息为主体的招贴占据了广告中的主流地位。直到喷绘、激光打印技术的发展，我们仍可以看到小城市到中心城市的户外大型招贴。海报主要用于完成一定的宣传鼓动任务，也可以为报道、广告、劝喻或教育等目的服务。

2.招贴是文化

由于科技进步而产生了不同的招贴表现形式，如手工业时代的木刻印刷告示、20世纪源于中国传统工艺且具有中国特色的机印月份牌、后来被西方人结合光学机械印刷的丝网印招贴以及今天的数字喷绘招贴等。不同的技术和艺术效果，给人类留下了丰厚的文化遗产。德国、法国、英国、日本几乎都有招贴博物馆，波兰华沙招贴艺术博物馆是世界上最大、最专业、收藏最多的国际招贴博物馆。中国早就有传统习惯，把喜庆、祝福、希望，通过"丰收"、"年年有余"、"节节高"等主题，将招贴艺术带进了家庭。很多人还把神话传说中"嫦娥"、"仙女"作为精神寄托，反映了中国人朴实的民风和对美好生活的追求。这些招贴成为都市和乡村文化的一道风景线。

3.招贴是一门艺术

设计师通过招贴的种种不同表现方式，展示不同国家、不同地区艺术家对生活的理解和对自然地态度。德国人的严谨、周密和准确，使其招贴风格具有准确的功能语意性；法国人的自由和浪漫，使其招贴风格轻松、潇洒，美国人的开拓与进取精神赋予招贴独特的视角；北欧招贴中展现了色彩语言使人仿佛回到了自然；波兰人超群的视觉创造力也掩饰不了其历史的创伤对作品情调的影响。招贴的展示不受局限，在居室、公共内部和外部空间，它已成为"流动的美术展"，产生了巨大的社会影响。

4.招贴是政治宣传的重要工具

招贴也是一种说教，国家的政策、法令可以通过招贴来传播，如反战、文化保护、环保、计划生育、艾滋病预防等，都离不开招贴宣传的配合。它直接、简单、明了，采用图解式，容易吸引人的视觉，具有很强的说服力，如图3.1.1所示的福田繁雄的反战招贴"和平"。因此，招贴是宣传员，是信息播种机，也是无形的政策传播人。

瑞士动物保护周年纪念招贴　　　　光田图书　　　　Egoist杂志招贴　　　　反战招贴

图3.1.1

3.1.2　海报的种类

1.商业海报

商业海报是最为常用的海报形式之一，是指用于宣传商品、商业服务和旅游行业等的商业广告性海报。此类海报的设计要恰当地配合宣传对象的格调与受众需求。如图3.1.2所示。

2.文化海报

文化海报的形式有很多，泛指社会文娱活动及各种文化类展览的宣传海报。在设计该类型海报时，必须根据各展览的特点，对活动的内容进行深入了解，才能通过恰当的形式表现其风格。如图3.1.3所示是Nova Radio法语电台的海报。

图3.1.2　　　　　　　　　　　　　　　　　　　　图3.1.3

3.电影海报

现代电影海报是文化海报的一个分支，它与戏剧海报相似，主要用于对电影作品进行宣传，以此吸引观众注意并刺激电影票房收入，如图3.1.4所示。

4.公益海报

公益海报主要是将社会或者团体的特定思想，通过海报的形式向公众灌输教育意义，其主要内容可以是社会公德、行为操守、政治主张、弘扬爱心、无私奉献与共同进步等积极进取的形式。如图3.1.5所示为保护动物的公益海报。

公益海报是带有一定思想性的，这类海报具有特定的对公众的教育意义，其海报主题包括各种社会公益、道德的宣传，或政治思想的宣传、弘扬爱心奉献、共同进步的精神等。

图3.1.4   图3.1.5

3.1.3 海报设计的设计原则

- 单纯：形象和色彩必须简单明了（也就是简洁性）。
- 统一：海报设计的造型和色彩必须和谐，要具有统一的协调效果。
- 均衡：整个画面需要具有均衡效果。
- 销售重点：海报的构成要素必须化繁为简，尽量挑选重点来表现。
- 惊奇：海报无论在形式上还是内容上都要出奇创新，具有强大的惊奇效果。
- 技能：海报设计需要有高水准的表现技巧，无论是绘制还是印刷都不可忽视技能性的表现。

3.2 绘图应用基础

3.2.1 图形的绘制与编辑

设计中的绘图是很重要的，主要包括画笔工具、铅笔工具、橡皮檫工具、形状工具和路径工具。希望读者通过学习可以达到利用这些工具熟练的编辑各种图像。

1 绘图工具

1.画笔笔头的基本编辑

单击工具箱中的画笔工具 按钮，然后单击属性栏中的切换画笔面板 按钮（或F5键）可以打开【画笔】面板。

【画笔预设】选项：在左侧区域选择【画笔预设】选项，弹出的【画笔】面板如图3.2.1所示。

【画笔笔尖形状】选项：此选项是系统默认弹开的显示状态，【画笔】面板如图3.2.2所示。

- 【直径】选项：设置画笔的笔头大小。我们可以通过修改后面窗口中的数值或者拖动下面的滑块来改变笔头的直径大小。

- 【角度】选项：其右侧的数值决定当前笔头的旋转角度。

- 【圆形】选项：决定笔头的圆形变扁的程度。当数值为100%时，画笔笔头为正圆，当数值小于100%时，画笔笔头为椭圆形。当改变【角度】选项和【圆形】选项数值时，它的形态也随之发生改变。

- 【硬度】选项：用于设置画笔边缘的虚化程度。可以通过修改后面窗口中的数值或者拖动下面的滑块来改变笔头的虚化程度。【硬度】值越大，笔画边缘越清晰。

- 【间距】选项：决定每一个画笔笔头的之间的距离。当数值为100时，画出的是一条笔笔相连的线，当数值大于100时，所画出的线是不连续的点构成。当不勾选此选项时，在画面中所画线的形态与拖曳鼠标的速度有关。

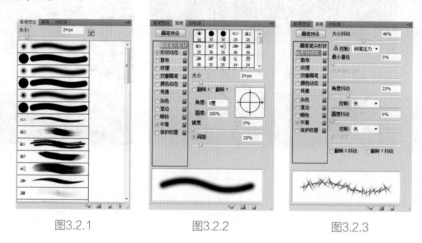

图3.2.1   图3.2.2   图3.2.3

【动态画笔】选项：使画笔绘制出来的线条产生一种很自然的笔触变化效果。【画笔】面板如图3.2.3所示。

- 【抖动大小】选项：控制画笔动态形状大小。

- 【控制】选项：可以控制画笔动态形状的不同方式。在其下拉式列表框中包括关、渐隐、钢笔压力、钢笔斜度和光轮笔5个选项。

- 【最小直径】选项：当最小直径设置为0%时，笔头的大小对比值最大，当最小直径设置为100%时，笔头的大小对比值最小，即每一个笔头的大小直径相同。

- 【倾斜缩放比例】选项：当【控制】选项中选择了【钢笔斜度】选项后，拖动此滑块可以调整画笔形状的倾斜角度。

- 【角度抖动】选项：可以调整画笔动态角度方向。在下面的【控制】中选择【渐隐】选项后，渐隐的数值就决定了角度抖动的步数。

- 【圆度抖动】选项：可以调整画笔的圆形变化程度。

- 【最小圆度】选项：当在【控制】中选择【渐隐】选项后，拖动此滑块可以调整画笔所指定的最小圆度。

【散布】选项：可以使画笔笔头向上下两边散发出几倍的发散效果。【画笔】面板如图3.2.4所示。

- 【散布】选项：可以使画笔绘制出的线条产生发散的效果，数值越大，发散的效果越强。

- 【两轴】选项：勾选此选项，画笔笔头以自由方向向四周扩散，不勾选此项，画笔笔头以垂直方向扩散。
- 【数量】选项：决定在间隔处画笔笔头的数目。
- 【数量抖动】选项：调整画笔发散效果的疏密程度。

　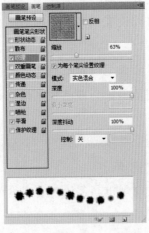　

图3.2.4　　　　　　　　　图3.2.5　　　　　　　　图3.2.6

【纹理】选项：是在【画笔笔尖形状】中选择一支笔头，然后在【纹理】选项中选择一个纹理产生混合后的图案效果。【画笔】面板如图3.2.5所示。

- 【纹理选择】选项：单击右侧窗口左上角的方形纹理图案可以调出纹理样式面板，从中我们可以选择所需的纹理。
- 【反向】选项：勾选此选项，可以将选择的纹理反相。
- 【缩放】选项：拖动此滑块可以调整选择图案纹理的大小比例。
- 【为每一个笔尖设置纹理】选项：勾选此选项，软件将对每一个画笔应用选择的纹理，如不勾选此选项，软件将对整个画笔应用统一的纹理。
- 【模式】选项：确定纹理与第一支笔头的混合模式。
- 【最小深度】选项：设置图案纹理与前景色混合的最小深度。
- 【深度抖动】选项：拖动此滑块可以设置画笔绘制出的图案纹理有不同深浅的变化。

【双重画笔】选项：是设置出两种不同的纹理的笔刷绘制纹理的效果。【画笔】面板如图3.2.6所示。

- 【模式】选项：设置两种画笔的混合模式。
- 【直径】选项：设置第二支画笔的直径大小。
- 【间距】选项：设置第二支画笔的间隔距离。
- 【散步】选项：设置第二支画笔的发散效果。
- 【数量】选项：设置第二支画笔的发散数量。

【颜色动态】选项：是可以将前景色和背景色两种颜色进行不同程度的混合的效果，可以调整其混合颜色的色相、饱和度和明度等。【画笔】面板如图3.2.7所示。

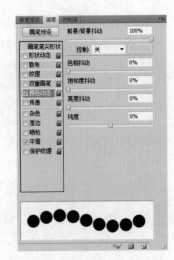

图3.2.7

- 【前景/背景抖动】选项：设置前景色与背景色之间的混合程度。
- 【色相抖动】选项：设置前景色与背景色之间的色调偏移方向，数值小色调偏前景色和背景色方向，数值大色调偏前景色和背景色方向。
- 【饱和度抖动】选项：拖动此滑块可以设置画笔绘制出的饱和度，数值大饱和度对比强，数值小饱和度对比弱。
- 【亮度抖动】选项：拖动此滑块可以设置画笔绘制出的亮度，数值大亮度对比强，数值小亮度对比弱。
- 【纯度】选项：拖动此滑块可以设置画笔绘制出颜色的鲜艳度。数值大绘制出的颜色较鲜艳，数值小则绘制出的颜色较灰暗；数值为"—100"时绘制出的颜色为灰色。

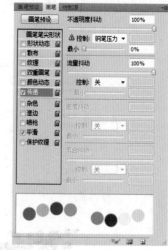

图3.2.8

【其他动态】选项：可以设置画笔绘制出颜色的不透明度和使颜色之间产生不同的流动效果。【画笔】面板如图3.2.8所示。

- 【不透明度抖动】选项：调整画笔绘制出颜色的不透明度效果，数值大颜色透明度强，数值小则透明度弱。

- 【流量抖动】选项：设置画笔的线条透明对比度。数值大，透明度更强，数值小透明度弱。

2.自制笔刷

除了可以在画笔面板圈编辑软件内置的笔头以外，还可以根据自己的设计需求来自制各种形式的的笔头，然后根据不同的风格制作成不同的笔刷。

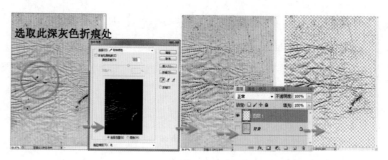

图3.2.9

执行菜单【文件】/【打开】命令，弹出"打开"对话框，打开随书所附光盘中名为"纸肌理素材1"的图片，执行菜单【选择】/【色彩范围】命令，在"纸肌理素材"的深灰色的褶痕处单击选取，在弹出的"色彩范围"对话框中调整颜色容差为120，获取纸张褶痕的选区。单击图层面板下方的新建图按钮，创建新图层"图层1"，单击"背景"图层缩览图前的可视性按钮图使其隐藏，将前景色设置为黑色，按快捷键Alt+Delete填充前景色，过程和效果如图3.2.9所示。

执行菜单【选择】/【全部】命令（快捷键Ctrl+A），获取整张图的选区。执行菜单【编辑】/【自定义画笔预设】命令，弹出"画笔名称"对话框，单击

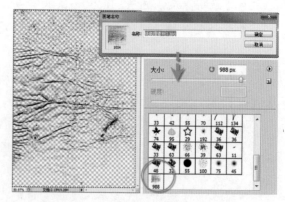

图3.2.10

"确定"按钮。选择画笔工具☑按钮，在其属性栏中点按圖打开"画笔预设"选取器，此时"画笔预设"选取器中出现了新的画笔，如图3.2.10所示。

用同样的方法，我们打开另外两张纸张肌理的素材，制作另外两个新的画笔。此时"画笔预设"选取

器中有了3个新制作的纸肌理的笔头。接下来制作纸肌理的笔刷。单击"画笔预设"选取器上方的▶，在弹开的下拉菜单中选择"预设管理器"，弹出"预设管理器"的对话框，单击第一支画笔，按住Shift键再单击倒数第四支笔头，此时除了最后新制作的三支笔头外，其他笔头都被选中，按"删除"按钮将多余的笔头删除，对话框中只剩下新制作的三支纸肌理笔头，如图3.2.11所示。

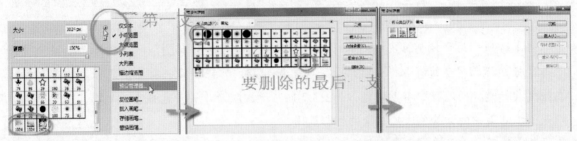

图3.2.11

单击"画笔预设"选取器上方的▶，在弹开的下拉菜单中选择"存储画笔"，弹出"存储画笔"的对话框，输入文件名"纸张肌理"，选择保存在"桌面"，单击"保存"按钮，这时计算机的的桌面上出现了一个名为"纸张肌理"的笔刷，如图3.2.12所示。

图3.2.12

2 铅笔工具

【铅笔】工具🖉的功能和使用方法与【画笔】工具的基本相同，只是在【铅笔】工具的属性栏中多了一个【自动抹掉】选项，这是铅笔工具所具有的特殊功能。如果勾选了【自动抹掉】选项，在图像中的颜色与工具箱中前景色相同的区域落笔时，铅笔会自动擦除前景色而以背景色的颜色绘制；如在与前景色不同的颜色区域落笔时，铅笔工具以前景色的颜色绘制。

3 图像擦除工具

图像擦除工具主要是用于擦除图像中不需要的区域，共有3种工具，分别为【橡皮擦】工具🖉、【背景橡皮擦】工具🖉和【魔术橡皮擦】工具🖉。选取相应的擦除工具，并在属性栏中设置合适的笔头大小及形状，笔头的设置方法与前面所说的画笔工具的设置方式相同，然后在画面中要擦除的图像位置拖曳鼠标光标或单击即可。

（1）【橡皮擦】工具🖉的属性栏如图3.2.13所示。

图3.2.13

- 【模式】选项：用于设置橡皮擦擦除方式，包括【画笔】、【铅笔】和【块】3个选项。
- 【抹到历史记录】选项：勾选此复选项，【橡皮擦】工具就具有了【历史记录画笔】工具的功能。

（2）【背景橡皮擦】工具 属性栏如图3.2.14所示。

图3.2.14

- 【取样】选项：用于控制橡皮擦的取样方式。激活【连续】按钮 ，拖曳鼠标光标擦除图像时，将随着鼠标光标的移动随时取样；激活【一次】按钮 ，只替换第一次按下鼠标左键时取样的颜色，在拖曳鼠标光标的过程中不再取样，如图3.2.15所示；激活【背景色板】按钮 ，不再图像中取样，而是由工具箱中的背景色决定擦除的色彩范围。
- 【限制】选项：用于控制背景橡皮擦擦除颜色的范围。选择【不连续】选项，可以擦除图像中所有包含取样的颜色；选择【连续】选项，只能擦除所有包含取样颜色且与取样点相连的颜色；选择【查找边缘】选项，在擦除图像时将自动查找与取样点相连的颜色边缘，以便更好的保护颜色边界。

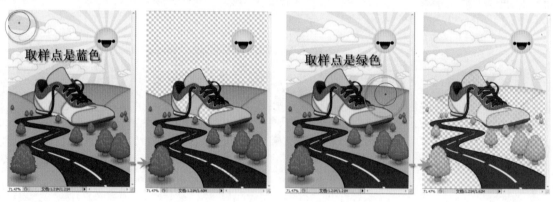

图3.2.15

4 路径绘图

【路径】是由多个锚点或线段组成的矢量线条，对图像进行放大或缩小调整时，路径不会产生任何影响，它可以将一些不够精确的选区转换为路径后再进一步编辑和微调，然后再转换为选区进行处理，这在制作精确的图形时是经常用到的。

路径可以是闭合的，也可以是开放的。

【路径】主要是由钢笔工具 绘制完成的，下面来介绍钢笔工具的属性栏，如图3.2.16所示。

图3.2.16

1.【钢笔工具】的使用方法

单击工具栏中的钢笔工具 按钮，在文件中，连续单击鼠标，可以创建直线线段构成的工作路径。在未闭合之前按住Shift键在路径外单击，可以创建开放路径，如图3.2.17所示。如果是连续多次拖曳鼠标，可以创建曲线的工作路径，如图3.2.18所示。在创建工作路径时，鼠标移到创建路径的起始点位置，鼠标的右下角会出现一个圆形的标志，单击就可以闭合路径，如图3.2.19所示。

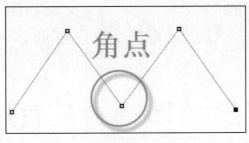

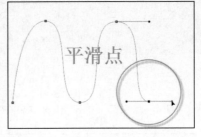

图3.2.17　　　　　　　　　　　　　　图3.2.18

按Shift键，可以将创建路径线段的角度限制为45°的倍数，如图3.2.20所示。

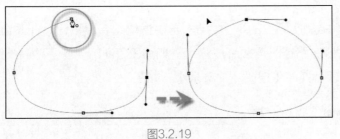

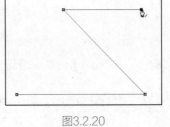

图3.2.19　　　　　　　　　　　　　　图3.2.20

2.【添加锚点】和【删除锚点】的使用方法

绘制出的路径图形如果不满意，则需要进一步编辑和调整，可以在路径上添加锚点和删除锚点。

在工具栏中单击添加锚点 按钮，将鼠标光标放到路径线段上，此时光标的右下方出现一个"＋"号时，单击鼠标，即可在单击处添加一锚点。在工作路径上添加锚点不会改变工作路径的形状。如图3.2.21所示。

在工具栏中单击删除锚点 按钮，将鼠标光标移到想要删除的锚点上，此时光标的右下方出现一个"－"号时，单击鼠标，即可删除此锚点。在工作路径上删除锚点后，剩下的锚点会组成新的工作路径，工作路径的形态发生改变，如图3.2.22所示。

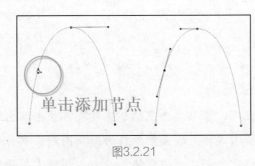

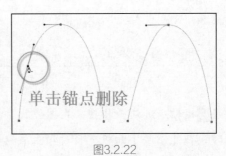

图3.2.21　　　　　　　　　　　　　　图3.2.22

3.【转换点】工具的使用方法

转换点工具可以使锚点在角点和平滑点之间转换，并可以调整手柄方向点的长度和方向，其属性栏没有选项。单击工具栏中的 按钮，在路径上的平滑点上单击，可以将其转换为角点。如果在角点上单击并拖曳可以将其转换为平滑点。拖曳平滑点两侧的方向点，可以改变两侧曲线的形态，也可以只调整平滑点一侧的方向点来改变形态。如图3.2.23所示。

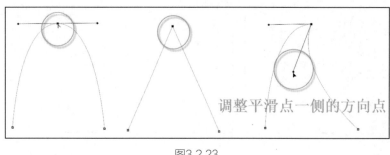

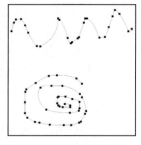

图3.2.23

图3.2.24

4.【自由钢笔】工具的使用方法

利用自由钢笔工具在图像中可以自由绘画，在工具栏中单击自由钢笔工具 按钮，在图像上任意拖曳鼠标绘制图形，便可自动生成路径，并且在路径上自动生成锚点。如图3.2.24所示。其属性栏同钢笔工具的属性栏很相似，只是用【磁性的】选项替换了【自由添加选项】，如图3.2.25所示。

图3.2.25

小提示 Tips

在【路径】面板中单击相应的路径名称，可将该路径显示。

单击【路径】面板中的灰色区域或在路径没有被选择的情况下按 Esc 键，可将路径隐藏。

5 运用矢量图形工具绘图

为了使设计者在绘制矢量图形时更加方便、得心应手。Phptoshop大大提高了图形工具的功能，利用矢量图形工具可以快速地绘制各种简单的图形，包括矩形、圆角矩形、椭圆形、多边形、直线或任意自定义形状的矢量图形，如图3.2.26所示。

图3.2.26

- 形状图层 按钮：激活此按钮，在图像文件上可以依次单击鼠标创建具有前景色颜色填充的形状图形。此时，在【图层】面板中将自动生成包括图层样式和矢景蒙版的形状图层。双击形状图层上左侧的【图层图样】，可以修改路径图形中的填充颜色，双击形状图层上右侧的【矢景蒙版】，可以编辑路径的形状。
- 形状图层 按钮：激活此按钮，在文件中单击鼠标，可以创建普通的工作路径。
- 形状图层 按钮：使用钢笔工具时，此按钮不能激活，只有使用下面的图形工具时才可用。
- 矩形工具 按钮：可以绘制矩形路径。单击其属性栏中的倒三角 按钮，在弹出的矩形选项中可以设置矩形大小、长宽比例，点选【从中心】选项，可以光标的起点为矩形的中心来绘制。点选【对齐像素】选项，可以使矩形的边缘同像素的边缘对齐，使矩形的边缘不会出现锯齿效果。如图3.2.27所示。
- 圆角矩形工具 按钮：可以绘制带有圆角效果的矩形，圆角的大小可以

图3.2.27

在其属性栏中的【半径】选项中设置。

- 椭圆形工具◎按钮：可以绘制椭圆形和正圆的路径。（按Shift键在图像文件中拖曳即可绘制正圆）。

- 多边形工具◎按钮：可以绘制3~100条边的多边形或星形的工具。单击其属性栏中的倒三角▼按钮，可以设置多边形的半径、平滑拐角、星形选项。属性栏中的【边】选项用于设置多边形或星形的边数，如图3.2.28所示。

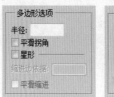

图3.2.28　　　图3.2.29

- 直线工具✏按钮：可以绘制箭头或带箭头的直线图形。通过设置【直线】工具属性栏中的【粗细】选项，可以设置绘制直线或带箭头直线的粗细。单击其属性栏中的倒三角▼按钮，可以设置直线起点和终点的箭头的形状。如图3.2.29所示。

- 自定义形状✿按钮：可以绘制各种不规则图形或路径。单击属性栏中的▣▼按钮，在弹出的【自定义形状】选项中单击【形状】选项右边的→▼按钮，可以打开【自定义形状】拾色器面板，如图3.2.30所示。

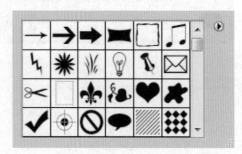

图3.2.30

除了Photoshop自带的形状图形外，还可以通过采集图像中的形状来自定义形状，也可以自己制作图形来定义自己喜欢的图形。下面结合路径的布尔运算，自己制作新的图形。

（1）在自定义形状✿工具中的属性栏中，单击路径▨按钮，单击右边的→▼按钮，在弹出的【自定义形状】拾色器面板中选择如图3.2.31所示的样式。在属性栏右侧有一组组合路径▢▫▫▫，是路径的布尔运算。单击第一个添加到路径选区▣按钮，按住Shift键绘制两个图形，单击路径面板下方的路径作为选区载入◎按钮，将路径转化为选区，设置前景色为黑色，按快捷键Alt+Delete填充前景色黑色。如图3.2.32所示。

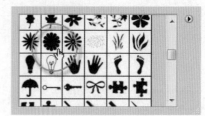

图3.2.31

（2）单击【路径】面板右上角的▤按钮，在弹出的菜单中选择【建立工作路径】命令，弹出【建立工作路径】对话框，设置参数容差为2.0像素，单击确定按钮。将选区转换为路径，如图3.2.33所示。

图3.2.32

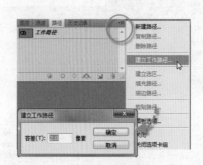

图3.2.33

（3）执行【编辑】/【定义自定义形状】命令，弹出【形状名称】对话框，单击【确定】按钮，即可将当前路径图形定义为形状。再单击→▼按钮，在弹出的【自定义形状】样式面板中出现了刚刚定义的图形样式，如图3.2.34所示。

（4）下面运用布尔运算建立第二个新图形样式。单击路径面板下方的创建新路径  按钮，建立"路径1"，如图3.2.35所示。

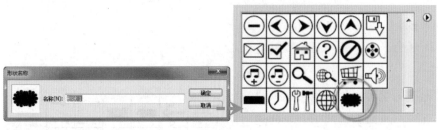

图3.2.34　　　　　　　　　　　　　　　图3.2.35

（5）单击第二个从路径区域选区减去 按钮，重复前面第一步和第二步的操作，在图像空白处绘制第二个新图形样式，如图3.2.36所示。

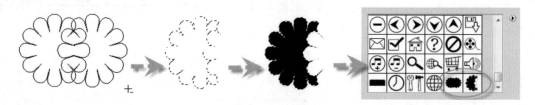

图3.2.36

3.2.2　底纹背景的制作

photoshop中可以自制各种图案，除了可以直接用于原图像，也可制成底纹在书籍内页设计，DM设计和海报设计中广泛运用。

1 运用图形样式制作图案底纹

（1）按快捷键Ctrl+N，打开【新建】对话框，创建一个新文件，参数设置如图3.2.37所示。执行【编辑】/【首选项】/【参考线、网格和切片】命令，弹出"首选项"对话框，参数设置如图3.2.38所示。执行【视图】/【显示】/【网格】命令，图像文件中出现参考网格线。

小提示 Tips

Photoshop 提供了【标尺】、【参考线】和【网格】3种额外辅助工具，以便在设计工作中进行准确的定位、对齐和测量。选择【视图】/【显示】/【网格】命令或者按快捷键 Ctrl+'可以显示网格，可以选择【视图】/【对齐到】/【网格】命令，此后可以进行移动、旋转等变换操作，自此创建的图形都将自动对齐到网格上。执行【编辑】/【首选项】/【参考线、网格和切片】命令，可以设置参考线、智能参考线、网格等属性。

　　　　　　　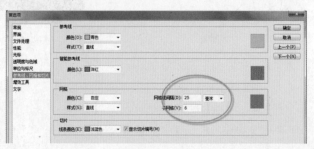

图3.2.37　　　　　　　　　　　　　　　图3.2.38

（2）单击属性栏中的 按钮，单击右边 的按钮，在弹出【自定义形状】拾色器面板的右上方单击 按钮，在弹出的下拉列表中选择"全部"命令，在弹出的对话框中选择"追加"按钮，如图3.2.39所示。

（3）选择工具栏中的矩形选框工具，单击其属性栏中的添加到选区按钮，绘制如图3.2.40所示的选区。单击在路径工作面板中的下方选区生成工作路径 按钮，将选区转化为路径。执行【编辑】/【自定义形状】命令，单击【确定】按钮，即可将当前路径图形定义为"形状1"，单击【路径】面板中的灰色区域，隐藏路径。

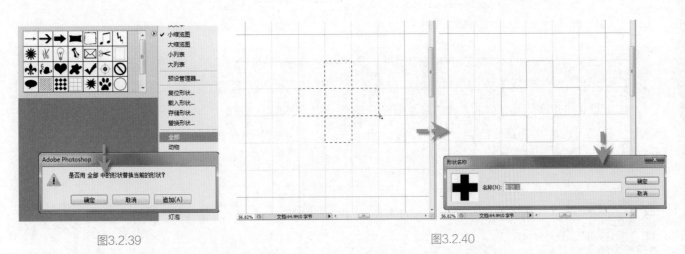

图3.2.39　　　　　　　　　　　　　　　　　　　　　图3.2.40

（4）单击工具栏中的前景色 按钮，在弹出的【拾色器】对话框中调整色彩，如图3.2.41所示。

（5）在自定义形状 工具的属性栏中，单击形状图层 按钮，选择刚才自制的图形样式，在文件图像所要绘制处按住Shift键绘制等比例的图形样式。选择工具栏中的路径选取工具 按钮，单击图形样式，将光标移到图形上并按住Alt键，光标右下方出现"+"，移动可以复制图形样式，配合键盘上的上下左右键进行位置微调。如图3.2.42所示。

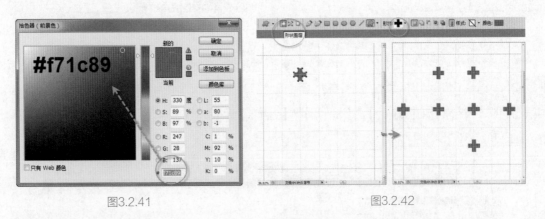

图3.2.41　　　　　　　　　　　　　　　　　　　　　图3.2.42

（6）在自定义形状 工具的属性栏中，单击形状图层 按钮，在【自定义形状】拾色器中选择相应的图像样式，绘制如图3.2.43所示的效果。在自定义形状 工具的属性栏中，单击路径 按钮，在【自定义形状】拾色器中选择相应的图像样式，选择工具栏中的路径选取工具 按钮，按住Alt键，复制出如图3.2.44所示的路径效果。

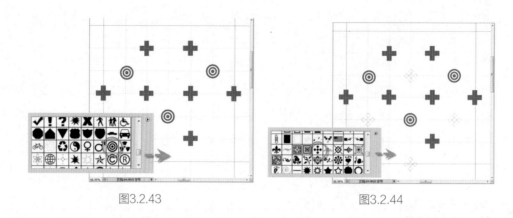

图3.2.43 　　　　　　　　　　　　　　图3.2.44

（7）单击路径面板下方的工作路径生成选区 按钮，将路径转化为选区，新建"图层1"，执行【编辑】/【描边】命令，弹出【描边】对话框，设置参数，按快捷键Ctrl+D取消选区。如图3.2.45所示。

（8）单击工具栏中的横排文字工具 **T** 按钮，设置字体为宋体，字体大小为10点，在文件中单击输入字母F，单击属性栏中的 按钮完成文字设置。用同样的方法完成字母"T"，图层面板出现了两个文字层"T"和"F"。参数与效果如图3.2.46所示。

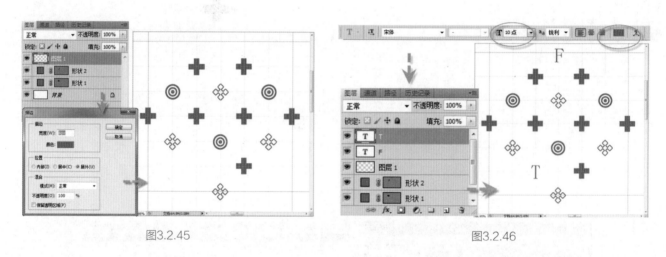

图3.2.45 　　　　　　　　　　　　　　图3.2.46

（9）将"背景"图层缩览图前的可视性按钮 单击隐藏，执行菜单【图层】/【合并可见图层】命令（快捷键Shift+Ctrl+E），将所有可见图层合并，生成"图层T"。单击"背景"缩览图前的可视性按钮 ，将图层显示，执行菜单【编辑】/【变换】/【旋转】命令，在出现的属性栏中设置旋转45°，按Enter键取消变换。如图3.2.47所示。

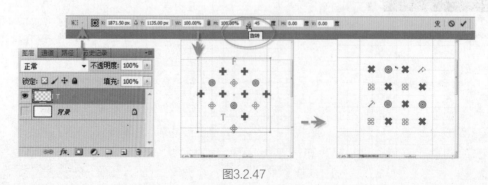

图3.2.47

（10）单击矩形选框工具 按钮，框选图形，执行菜单【编辑】/【定义图案】命令，弹出【图案名称】对话框，单击"确定"按钮。按快捷键Ctrl+D取消选区。隐藏"图层T"，新建图层"图层1"，执行菜单【编辑】/【定义图案】命令，可以将图案填充整个图像。如图3.2.48所示。执行【视图】/【显示】/【网格】命令，隐藏文件中的参考网格线。

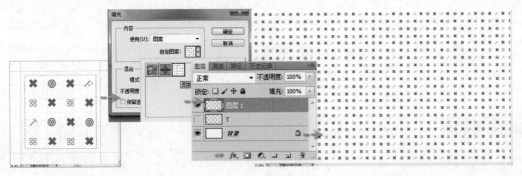

图3.2.48

（11）这是一张日立公司晚宴邀请函的概念设计，年度晚宴的主题是"质朴与时尚"。这个项目的局限性是提供印刷的赞助公司HAPM使用自己的打印机输出，因此只能使用两种专色，是一款简洁的图形和底纹设计。我们完全可以运用自制图案填充来完成底纹的操作。如图3.2.49所示。

图3.2.49

3.2.3 文字的排版与设计

我们现在处于一个数码信息时代，人们的视觉形式伴随着生活方式的改变，正在发生深刻的变化。字体设计的概念渐渐演化为与视觉有关的各种设计，视觉形象设计、传达信息的特征都已超越了传统字体设计的视觉传达形式和传达信息方式，字体设计的多维化、趣味性、互动式以及视、听、味触觉的传达方式使人在获得信息的同时更多的感受到的是视觉享受。

海报招贴中的文字设计不能过于复杂，要简洁易懂，招贴作为户外广告形式之一，具有强调瞬间视觉感受的需求，因此对标题的要求特别高，因此要将标题设计成具有符号化的图形给人视觉上的厚重感和强烈的视觉效应。

Photoshop中的文字工具，具有强大的排版与编辑功能，可以使文字图形化，也可以制作各种各样生动的文字特效，这个大家会在后面的第5章图像特效制作中领略到。

1 字库的安装

在平面设计中，Windows系统原有的字库是很难满足设计师的需求的，需要安装Windows系统中以外的第三方字库，如"汉鼎字库"、"方正字库"等，设计者可以根据需要购买并进行安装使用。双击"我的电脑" ，打开C盘下的Windows文件夹，打开字体Font文件夹，如图3.2.50所示。

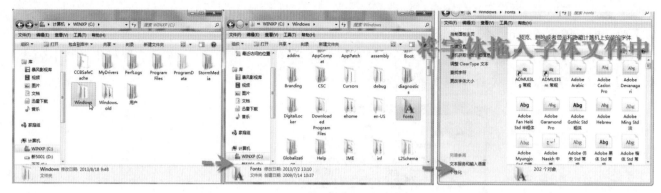

图3.2.50

2 文字的输入与排版

利用文字工具可以在图像上输入点文字和段落文字。点文字适合在文字内容较少的画面中使用，例如标题或文字特效等。当作品中需要大量说明性文字内容时，利用段落文字输入就非常合适。

下面我们通过设计中的标题文字，学习文字的基本输入方法以及利用【字符】面板设置字体属性的操作方法。

（1）打开随书所附光盘中名为"发布会请帖"的图片，单击工具栏中的横排文字工具 **T** 按钮，将前景色设置为黑色，单击属性栏中的 **T** 36点 ▼ 选项右侧的 ▼ 按钮，选择数值36点，将光标移到图像上，光标显示为文字输入 **I** 光标，单击鼠标左键出现文本输入光标，输入需要的英文文字。单击属性栏中的 ✔ 按钮，即可完成点文字的输入，如图3.2.51所示。

🔍 小提示 Tips

显示/隐藏工具利用文字输入点文字时，每行文字都是独立的，即使文字输入行的长度在不断增加，但无论输入多少文字都是在一行内，只有按 Enter 键才可以使文字切换到下一行。

另外，可以使用【横排文字蒙版】工具 和【直排文字蒙版】工具 可以创建文字选区。其操作方法为选择图层，选取【文字】工具组的 和 工具，在文件中单击，会出现一个红色的蒙版，即可以输入需要的文字，单击属性栏中的 ✔ 按钮，可创建文字的选区。

（2）将光标移动到输入文字的右侧，即文字输入光标闪烁的位置，按下鼠标左键向左拖曳，当文字反黑显示时表示此文字被选取，单击属性栏中的 **T** 36点 ▼ 选项，输入数值120点，参数和颜色设置如图3.2.52所示。单击属性栏中的 ✔ 按钮。

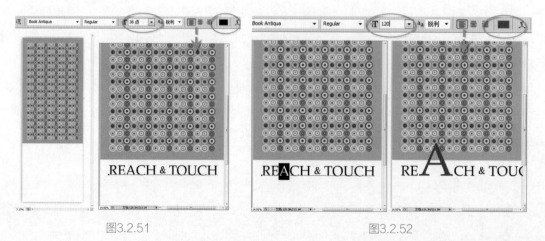

图3.2.51   图3.2.52

（3）选择移动工具 按钮，将文字向左移动到文件中间的位置。选中英文字母TOUCH，单击属性栏中的 Book Antiqua 选项右侧的 按钮，然后在弹出的字体中选择相应的英文字体，颜色设置为绿色，单击属性栏中的 按钮。如图3.2.53所示。

图3.2.53

（4）按快捷键Ctrl+T自由变换工具，将文字大小整体缩小，按Enter键取消自由变换，效果如图3.2.54所示。

（5）下面输入段落文字。在文字工具栏中选取文字工具 T 按钮，然后在文件中拖曳鼠标光标绘制一个定界框，如图3.2.55所示。

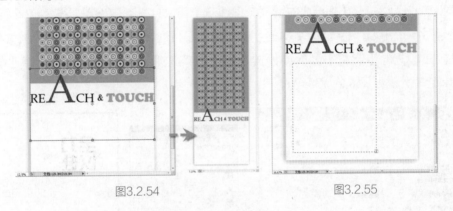

图3.2.54   图3.2.55

（6）单击文字工具属性栏的切换字符和段落面板 按钮，在打开的【字符】面板中设置相应的文字选项，再在文本框中输入需要的文字即可，如图3.2.56所示。

（7）按快捷键Ctrl+A，将文字全选。如图3.2.57所示。

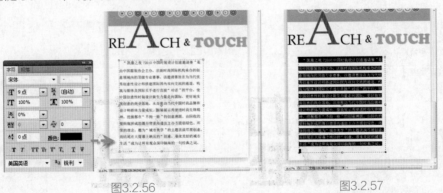

图3.2.56   图3.2.57

（8）单击文字工具属性栏的切换字符和段落面板 按钮，在打开的【字符】面板中设置相应的文字选项，调整文本框四周的控制点，以改变文字外框矩形，单击属性栏中的 按钮完成文字输入，如图3.2.58所示。

图3.2.58

3 文字的变形

每种字体都有其不同的风格，以满足视觉设计中相应的需求，对于设计师而言，字形、大小、搭配、布局的选择，都不是随意的。字体必须为它的特定目的而制造，而且字体的设计是带有情感的。这里我们先介绍如何将现有的印刷字体进行变形。

（1）双击"我的电脑" 📁，打开C盘下的Windows文件夹，打开字体Font文件夹，将方正简体字库拖入Font文件夹里。

（2）按快捷键Ctrl+N，打开【新建】对话框，创建一个新文件，参数设置如图3.2.59所示。

（3）单击工具栏中的横排文字工具 T 按钮，将前景色设置为黑色，单击文字工具属性栏的切换字符和段落面板 🔲 按钮，在打开的【字符】面板中设置相应的文字选项，输入中文文字。单击属性栏中的 ✔ 按钮，可完成点文字的输入。如图3.2.60所示。

图3.2.59

图3.2.60

（4）按快捷键Ctrl+T调出自由变换框，按住Shift键，将鼠标光标放置在定界框四个角的右下角调节点上，按下鼠标拖曳，将文字进行放大。按Enter键取消自由变换，如图3.2.61所示。

（5）执行菜单【选择】/【载入选区】命令，在弹出的【载入选区】对话框中单击"确定"按钮。单击"T"文字图层缩览图前的指示图层可视性 👁 按钮，将其都隐藏。

图3.2.61

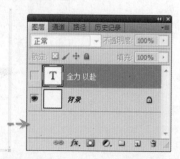

图3.2.62

（6）单击路径面板下方的选区生成工作路径 按钮，将文字选区转换为工作路径，如图3.2.63所示。选择工具栏中的直接选区工具 按钮，框选如图3.2.64所示的区域，按Delete键删除。

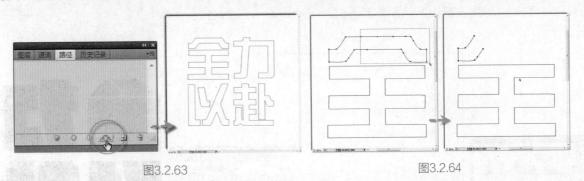

图3.2.63　　　　　　　　　　　　图3.2.64

（7）选择工具栏中的钢笔工具 按钮，单击两个起始锚点，即可闭合路径，如图3.2.65所示。按Ctrl键并单击上方的路径，使路径出现锚点。按住Ctrl键不放，调整锚点的两个手柄上的方向点，调整效果如图3.2.66所示。

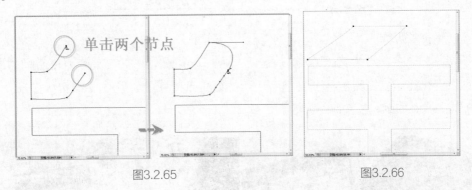

图3.2.65　　　　　　　　　　　　图3.2.66

（8）选择工具栏中的钢笔工具 按钮，单击绘制如图3.2.67所示的路径。按住Ctrl键不放，框选如图3.2.68所示的区域，按住Ctrl键和Shift键向下移动，效果如图3.2.69所示。用同样的方法调整路径，效果如图3.2.70所示。

（9）用同样的方法依次调整每个字，最终调整好的路径效果如图3.2.71所示。

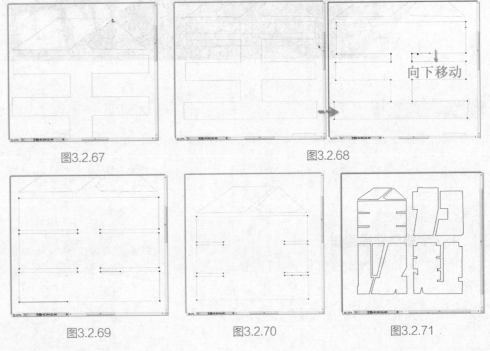

图3.2.67　　　　　　　　　　图3.2.68

图3.2.69　　　　　　　　图3.2.70　　　　　　　图3.2.71

（10）单击路径面板下方的路径作为选区载入 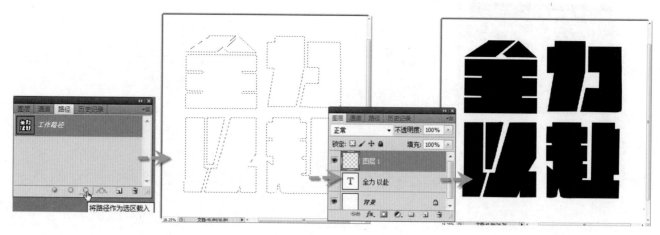 按钮，将路径转换为选区，回到图层面板，单击图层面板下方的新建 按钮，建立图层"图层1"，将前景色设置为黑色，按快捷键Alt+Delete填充前景色，按Ctrl+D取消选区，最终文字变形效果如图3.2.72所示。

图3.2.72

（11）以下是国内著名设计机构JOYN:VISCOM WORKSHOP为在北京706空间举行的NIKE勒布朗之夜设计的请柬和礼品包装。其主标题文字可以用计算机系统中的综艺体文字转换变形，变形后的新字体风格粗狂，富有个性。如图3.2.73所示。

图3.2.73

4 文字的图形化

文字图形化是运用文字跟随路径编辑排版的效果，一种是在某一个图形中进行文字排列，因设计区域的限定而改变字体形状或形成特定的样式；另一种是沿着路径的排列文字形成一定的形状，可以帮助设计者在版式设计过程中制作出更为丰富的文字排列效果，使文字的排列形式不再是单调的水平线或垂直线，还可以是曲线型的。

1.文字跟随路径编排

按快捷键Ctrl+N，打开【新建】对话框，创建一个新文件，参数设置如图3.2.74所示。选择钢笔工具 按钮，在画面绘制并调整出如图3.2.75所示的曲线路径，将前景色设置为黑色，选取文字工具 **T** 按钮，设置属性栏中各选项及参数如图3.2.75所示。

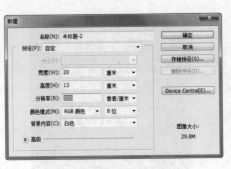

图3.2.74

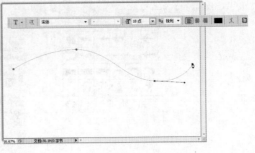

图3.2.75

将光标移动到路径的左侧，当鼠标光标显示为 形状时单击，路径单击处会出现一个闪烁的插入点光标，此处为文字的起点，路径的终点处的小圆圈表示文字的终点，从起点到终点就是文字的显示范围。如图3.2.76所示。

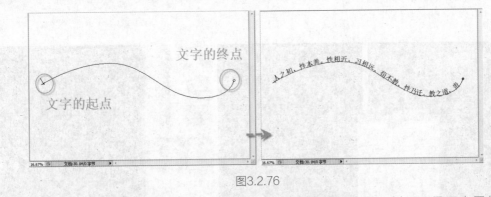

图3.2.76

以下是一张传统文化大讲堂的请帖设计，是文字跟随路径编排的作品。其页面是用大量的文字跟随路径组合成各种线的图形变化，使单一的文字更具有艺术化的效果。如图3.2.77所示。

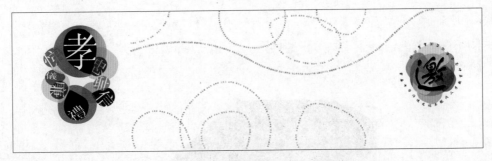

图3.2.77

2.文字适形编排

在Photoshop中可以将文字装入一个规则或不规则的路径形状内，从而得到一个异形文字轮廓。

（1）打开随书所附光盘中名为"艺术空间"的图片，在自定义形状 工具中的属性栏中，单击路径 按钮，在【自定义形状】拾色器中选择相应的图像样式，在图像上绘制路径图形。如图3.2.78所示。

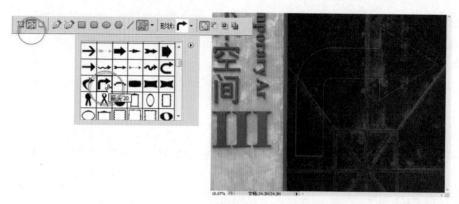

图3.2.78

（2）单击工具栏中的直排文字工具 ↓T，将光标放置于绘制的路径图形内，光标变成 ⊕ 状，用此光标在路径内单击，在光标点后输入文字，输入完文字后单击属性栏中的 ✔ 按钮，可完成点文字的输入，如图3.2.79所示。

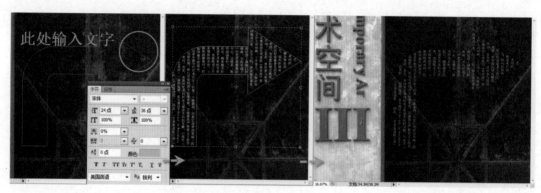

图3.2.79

（3）这是由比利时的汤姆墨克斯和芬尼邱尔设计的一款伏特加鸡尾酒菜单。鸡尾酒共有八种口味，设计师根据口味的不同，为其设计了不同风格的插图。也是一件典型的文字适形编排的作品。如图3.1.80所示。

图3.2.80

3.3 公益海报设计

3.3.1 项目描述分析

1. 项目描述

环境保护公益海报设计包括树木、天气、水资源等方面的内容，通过设计师独特敏锐的视角审视环境，用设计的手法发出呼吁环保的声音，引发全民关注公益环保的热情，用创意的心灵，感召希翼的新生。其表现的处理手法多样化，可以是图片的合成共生处理，也可以是纯粹的用绘图语言来呈现，最终通过强烈的视觉语言来诠释主题。

本案例的主体是被污染的水资源和被污染的鱼。水是生命存在的必要条件，对于水，可以从不同的角度进行阐述。水有善恶之分，对于水之善，老子曾言："上善若水，水善利万物而不争"，它滋养生命，又无欲无求，但正因为无欲，反而更加刚烈，可以滴水石穿、排山倒海，甚至吞没万间广厦、千顷良田，此为水之恶。然而，水之善恶关键在于人类如何利用。当今社会，人类在为生存发展而倡导合理利用水资源的同时，也存在许多不遵循自然规律的行为。为此，大自然已给出了严重警告，这正是"水能载舟，亦能覆舟"。今天被污染的是鱼，下一个被污染的就是人类。作品力求以最直接、生动的图形语言来表现最深刻的思想。最终成果如图3.3.1所示。

图3.3.1

尺寸：纵向，300像素/英寸 尺寸120.cm×90cm

用纸：PP合成纸，适用于高级套色印刷

本海报设计作品主要由主体形象和背景渲染两个部分组成。围绕设计主题以图文元素、色彩配合2个方面来阐述设计理念。

- 主题形象：以鱼代表水里的一切生物，结合水墨元素、用图像混合手法处理被污染部分，体现水与鱼污染的现状，警告现代社会大众要重视环境保护工作。
- 配色与图形：本作品橙色代表全球变暖的炙热现象，浑浊的蓝色代表被污染的水源，橙色和蓝色以强烈的互补色组构画面，给人以警示视觉作用。通过烟雾、图形绘制、色调处理来渲染画面气氛。整张海报色彩明快亮丽，让人过目不往，给人以很强烈的视觉感受。

2. 任务目标

最终目标：掌握公益海报设计。

促成目标：

（1）了解公益海报的设计理念；

（2）掌握公益海报设计的制作流程；

（3）能够收集相关的创作素材；

（4）能够根据要求制作不同风格的图形语言。

3. 任务要求

任务1：海报的创意与构思。

任务2：海报元素的编辑制作。

4. 教学过程设计

（1）学生对该图片进行分析、挖掘要素、设计开发；

（2）学习对图片色系处理的操作技能；

（3）学生对图片进行技术合成和设计修正。

5. 设计流程

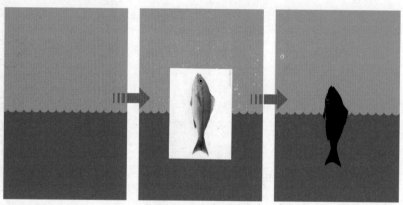

①制作背景基色调　②将鱼的图片放置海报中　③处理图片鱼为剪影效果
　　　　　　　　　　　间位置

④处理水面为被污染的水　⑤渲染天空星状炎热的　⑥输入海报编排主标题和
　　　　　　　　　　　　　效果　　　　　　　　　　文字

图3.3.2

6. 操作要点分析

（1）利用抠图工具准确的抠选主体鱼；

（2）通过调节层处理鱼的特殊效果；

（3）利用笔刷进行绘制渲染被污染的水和天空。

3.3.2　制作步骤

（1）按快捷键Ctrl+N，打开【新建】对话框，创建一个新文件，输入名称为"水污染公益海报"，参数设置如图3.3.3所示。新建图层"图层1"，单击工具栏中的按钮▉，设置前景色为蓝色，单击"确定"按钮。按快捷键Alt+Delete填充前景色，参数设置和效果如图3.3.4所示。

（2）新建图层"图层2"，选择矩形选框工具▢按钮，在图像左上方拖曳绘制矩形选框，单击工具栏中的按钮▉，设置前景色为橙色；按快捷键Alt+Delete填充前景色，参数设置和效果如图3.3.5所示。单击路径面板下方的选区生成工作路径◔按钮，将矩形选区转化为工作路径。选择画笔工具✐按钮，单击其属性栏中的切换画笔面板▣按钮，在弹出的画笔面板上设置笔头，设置参数如图3.3.6所示。

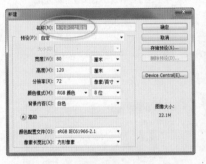

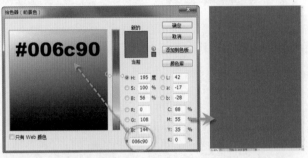

图3.3.3　　　　　　　　　　　　　　　　　图3.3.4

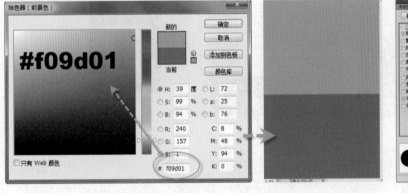

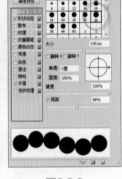

图3.3.5　　　　　　　　　　　　　　　　　图3.3.6

（3）单击路径面板下方的用画笔描边○按钮，描边后效果如图3.3.7所示。单击【路径】面板中的灰色区域，隐藏路径。

（4）按快捷键Ctrl+O，弹出"打开"对话框，打开随书所附光盘中名为"鱼"的图片，选择工具栏中的移动工具➤按钮，将"鱼"移到"水污染公益海报"图像中，生成"图层3"。如图3.3.8所示。按快捷键Ctrl+T，执行自由缩放命令，在自由缩放定界框内单击鼠标右键，选择旋转90°（顺时针），如图3.3.9所示。然后按住Shift键，将鼠标光标放置在定界框右上角的调节点上拖曳放大和旋转图片，按Enter键取消变形操作，调整后的效果如图3.3.10所示。

第1章

第2章

第3章

第4章

第5章

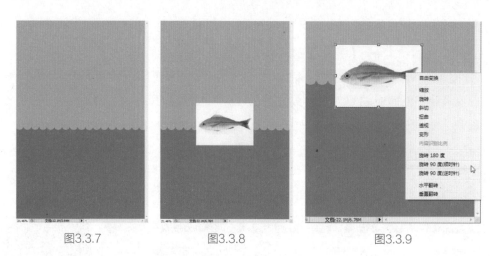

图3.3.7　　　　　　　　图3.3.8　　　　　　　　图3.3.9

（5）执行菜单【选择】/【色彩范围】命令，选择鱼图片的白色背景，单击"确定"按钮，设置参数如图3.3.11所示。

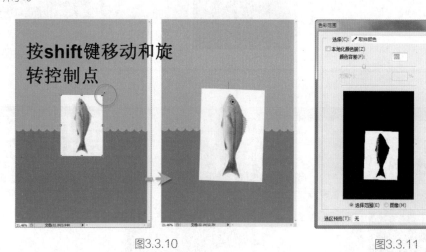

图3.3.10　　　　　　　　　　　　　　图3.3.11

（6）选择工具栏中的直线套索工具 按钮，按Alt键减去鱼图像上的选区，获取白色背景的精确选区，按Delete键删除白色背景，按Ctrl+D取消选区，效果如图3.3.12所示。

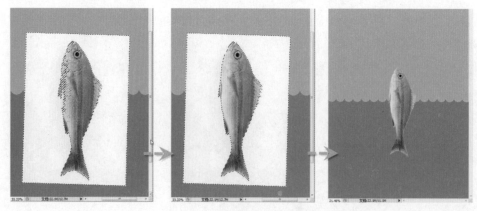

图3.3.12

（7）复制图层"图层3"，得到图层"图层3副本"。单击图层"图层3副本"，执行菜单【图像】/【阈值】命令，设置参数和效果如图3.3.13所示。单击图层"图层2"，执行菜单【选择】/【载入选区】命令，单击"确定"按钮，按快捷键Shift+Ctrl+I，将选区反选，如图3.3.14所示。

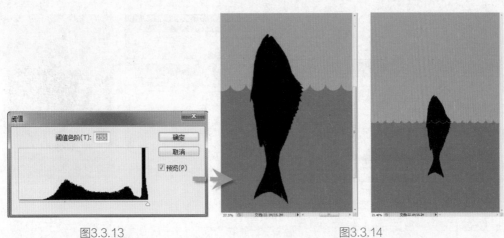

图3.3.13   图3.3.14

（8）单击图层"图层3副本"，在图层下方单击添加矢量蒙版 ◙ 按钮，得到效果如图3.3.15所示。

（9）按Shift键，单击图层"图层3"上的小预览图，载入鱼的选区。单击工具栏中的按钮 ▣ ，设置前景色为蓝色，单击"确定"按钮。参数设置如图3.3.16所示。

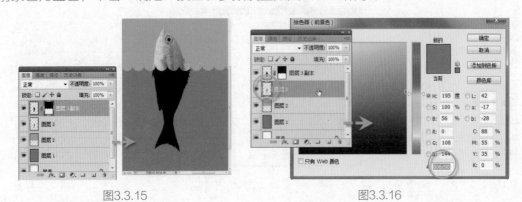

图3.3.15   图3.3.16

（10）按图层面板下方的新建图层 ▣ 按钮，创建新图层"图层4"，按快捷键Alt+Delete填充前景色。设置图层的混合模式为"颜色"，按快捷键Ctrl+D取消选区，效果如图3.3.17所示。

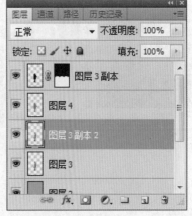

图3.3.17   图3.3.18

（11）复制图层"图层3"，创建新图层"图层3副本2"，如图3.3.18所示。执行菜单【图像】/【调整】/【阈值】命令，输入阈值色阶值175，将图层"图层3副本"的不透明度设置为45%，效果如图3.3.19所示。

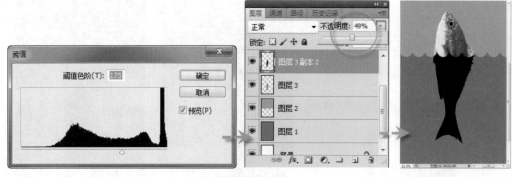

图3.3.19

（12）按图层面板下方的新建图层 按钮，创建新图层"图层5"。选择工具栏中的画笔工具 按钮，在其属性栏中点按 打开"画笔预设"选取器，在选取器中单击"画笔预设"选取器上方的 按钮，在弹出的下拉菜单中选择"载入画笔"，弹出"载入"的对话框，打开随书所附光盘中名为"逼真的烟雾photoshop笔刷"，载入到选取器，这时选取器中增加了很多的烟雾笔头，如图3.3.20所示。

图3.3.20

（13）单击工具栏中的 按钮，设置前景色为深蓝色，单击"确定"按钮。在选取器中选择相应烟雾笔头在图像蓝色区域单击，参数设置和绘制效果如图3.3.21所示。

图3.3.21　　　　　　　　　　　　　　　　　　图3.3.22

（14）按Ctrl键并单击"图层3副本"的蒙版略缩图，载入水面的选区，如图3.3.22所示。激活图层"图层5"，在图层下方单击添加矢量蒙版 按钮，隐藏多余的黑色烟雾，得到效果如图3.3.23所示。

（15）在图层面板创建新图层"图层6"，单击工具栏中的按钮 ，设置前景色为黑色，选择画笔 工具，在选取器中选择合适的烟雾笔头并在图像蓝色区域绘制，绘制效果大致如图3.3.24所示。

图3.3.23　　　　　　　　　　　　　　　图3.3.24

（16）重复步骤14的方法，将多余的黑色烟雾用蒙版隐藏。效果如图3.3.25所示。

（17）在图层面板创建新图层"图层7"，重复步骤15的方法，绘制效果大致如图3.3.26所示。

（18）重复步骤14的方法，将多余的黑色烟雾用蒙版隐藏。将图层"图层7"的不透明度设置为19，效果如图3.3.27所示。

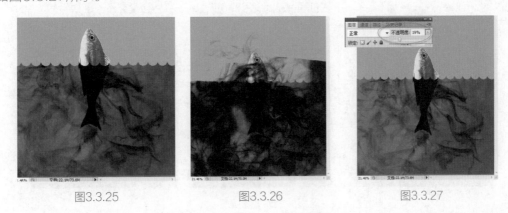

图3.3.25　　　　　　　　　　图3.3.26　　　　　　　　　　图3.3.27

（19）单击图层"图层3"，在图层的下方单击图层样式 fx 按钮，在弹出的下拉列表中选择外发光，参数设置和效果如图3.3.28所示。

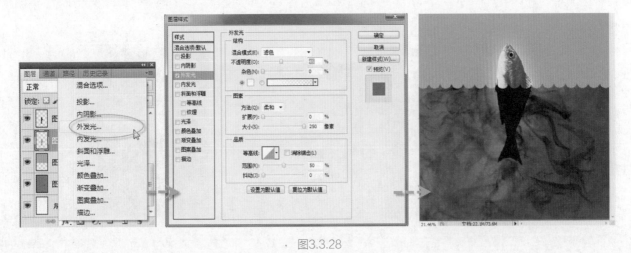

图3.3.28

（20）按Ctrl键单击"图层3副本"的蒙版略缩图，载入水面的选区，按快捷键Shift+Ctrl+I反选，激活图层"图层3"，添加矢量蒙版 按钮，隐藏多余的外放光。得到的效果如图3.3.29所示。

（21）在图层面板创建新图层"图层8"，单击工具栏中的按钮█，设置前景色为白色，选择画笔✎工具，在选取器中选择合适的烟雾笔头在图像橙色区域绘制，绘制效果大致如图3.3.30所示。

图3.3.29　　　　　　　　　　　　　　　图3.3.30

（22）单击工具栏中的涂抹✍工具，选择带有羽化的笔头，在图3.3.31所示的白色烟雾处不断涂抹，单击工具栏中的橡皮擦✍工具，选择带有羽化的笔头擦除烟雾的效果，效果如图3.3.31所示。

图3.3.31

（23）重复步骤21的方法，调整烟雾为朦胧自然的效果如图3.3.32所示的效果。将"图层8"的不透明度设置为80%，按Ctrl键单击"图层3"的蒙版略缩图，载入橙色天空的选区，单击图层下方的矢量蒙版▣按钮，隐藏多余的白色烟雾，得到效果如图3.3.33所示。

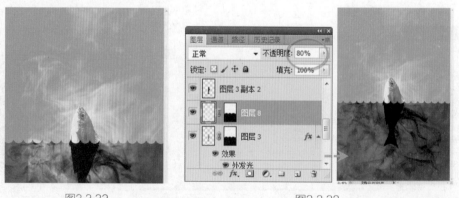

图3.3.32　　　　　　　　　　　　　　　图3.3.33

（24）单击工具栏中的椭圆选框◯工具，按Shift键绘制正圆选区，如图3.3.34所示。将前景色设置为白色，执行菜单【编辑】/【描边】命令，在弹出的描边对话框中设置参数如图3.3.35所示，然后单击"确定"按钮。按快捷键Ctrl+D取消选区，得到效果如图3.3.36所示。

图3.3.34

图3.3.35

图3.3.36

（25）单击工具栏中的矩形选框  工具，框选上半部分的线框，单击图层下方的添加矢量蒙版  按钮，自动生成蒙版，将下半个圆框隐藏，效果如图3.3.37所示。

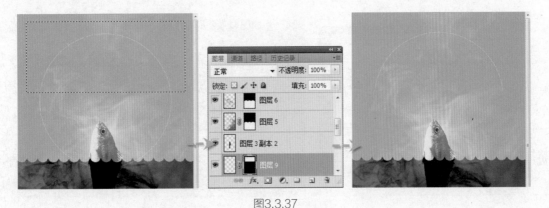
图3.3.37

（26）在图层面板创建新图层"图层10"，选择工具栏中的画笔工具  按钮，在画笔预设面板中设置参数，如图3.3.38所示。

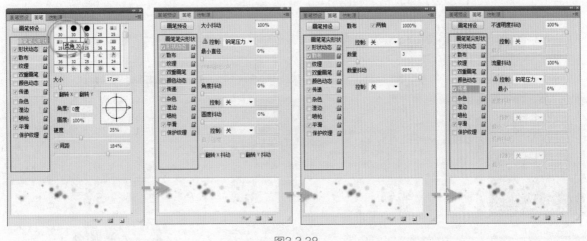
图3.3.38

（27）将图层"图层10"的不透明度设置为55%，效果如图3.3.39所示。将前景色设置为白色，选取横排文字工具 T 按钮，在画面依次输入文字，然后将鼠标光标移动到"是"字的右边向左上方拖曳光标，将文字全部选取，单击属性栏中的  按钮，在弹出的【字符】面板中调整文字的字体和大小参数如图3.3.40所示。单击属性栏中的  按钮完成文字的设置。

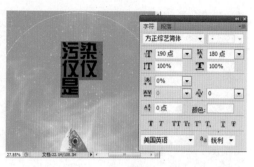

图3.3.39　　　　　　　　　　　　　　　　　图3.3.40

　　（28）用步骤27的方法输入文字"鱼"字，单击属性栏中的 ✔ 按钮完成文字的设置。如图3.3.41所示按快捷键Ctrl+T自由变换命令，将文字变形拉宽，如图3.3.42所示按Enter键取消自由变换变令。将两个文字图层的不透明度设置为70%，效果如图3.3.43所示。

图3.3.41　　　　　　　　　　图3.3.42　　　　　　　　　　图3.3.43

　　（29）单击工具栏中的多边形工具 ⬡ 按钮，单击属性栏中的形状图层 ▣ 按钮，设置的星形和颜色参数如图3.3.44所示。单击【路径】面板中的灰色区域，隐藏路径。

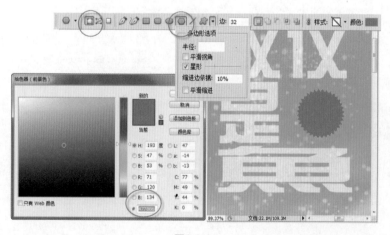

图3.3.44　　　　　　　　　　　　　　　　　图3.3.45

　　（30）用步骤27的方法输入文字"Xn"字，颜色参数如图3.3.45所示。将字母"n"选取，设置为上标，如图3.3.46所示。单击属性栏中的 ✔ 按钮完成文字的设置。用步骤27的方法输入文字"水资源"和"生命"，颜色参数和效果如图3.3.47所示。

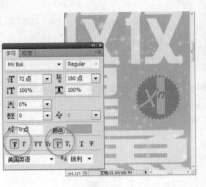

图3.3.46

图3.3.47

（31）在文字工具栏中选取横排文字工具 **T** 按钮，然后在文件中拖曳鼠标光标绘制出一个文本框，输入水资源的文字信息内容，如图3.3.48所示。选择文本框里的数字内容，在【字符】面板中设置文字的字体、大小等文字属性，单击属性栏中的 ✔ 按钮完成文字的设置。如图3.3.49所示。

图3.3.48

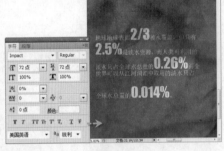

图3.3.49

（32）重复步骤31的方法，输入现在水污染的现状内容，将该文字图层拖曳到图层"图层6"的上方层，释放鼠标，将其不透明度调整到61%，如图3.3.50所示。

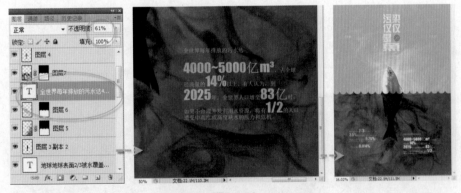

图3.3.50

（33）重复步骤31的方法，在画面下方输入现在水污染的后果内容，如图3.3.51所示。

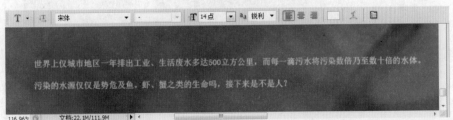

图3.3.51

（34）将前景色设置为白色，重复步骤29的方法，建立多边形圆，如图3.3.52所示。设置该图层的不透明度为80%，在该图层蒙版上单击鼠标右键，在弹出的下拉列表中选择"栅格化矢量蒙版"，如图3.3.53所示。

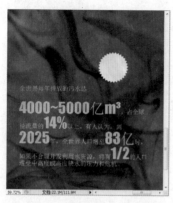 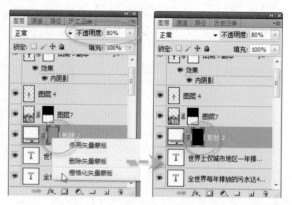

图3.3.52 图3.3.53

（35）选择工具栏中的横排文字蒙版工具按钮，在多边形圆上单击输入字母"New"，单击属性栏中的按钮完成文字的设置，如图3.3.54所示。

图3.3.54

（36）选择工具栏中的矩形选框工具，将文字选区移到圆的中间，将前景色设置为黑色，单击"形状2"图层上的蒙版，按快捷键Alt+Delete填充前景色，按快捷键Ctrl+D取消选区，如图3.3.55所示。将图层"图层8"拖曳到"图层3"的下方层，释放鼠标，最终效果如图3.3.56所示。

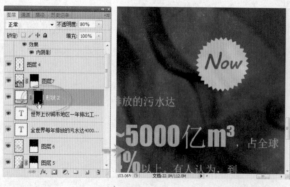 

图3.3.55 图3.3.56

3.3.3 操作习题

练习一：参照本项目所学的路径、笔刷方法，打开所附光盘中练习三的效果图片，请同学们用路径变形字体。变形文字："食古不化"、"月圆人圆"、"月满乾坤"、"阖家团圆"尺寸：20×30cm，分辨率:100/厘米。参考效果如图3.3.57所示。

作业要求：1.创意新颖，整幅字体风格和谐一致，字体美观、漂亮、新颖。

2.要求艺术性与实用性相结合，特别要注重实用效果，要适合印刷及阅读，符合汉字字形规范，

3.单色背景，单色字体，不需要做任何效果，

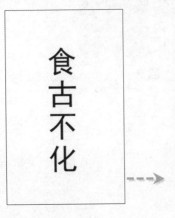  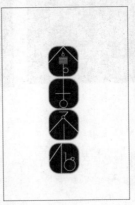 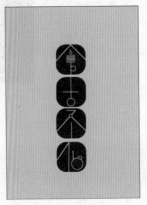

图3.3.57

3.4 学习拓展

3.4.1 技能延伸——自由变换制作图案花纹

（1）接下来我们来学习自由变换命令。新建一个400×400像素的新文档，如图3.4.1所示。将前景色设置为黑色，设置完成后，按快捷键Alt+Delecte填充前景色。

（2）新建"图层1"，按快捷键Shift+Alt不放拉出一个正圆选区，放置在如图3.4.2所示的位置。执行【编辑】菜单下的【描边】命令，描边设置为一个像素，白色，居中，参数设置如图3.4.3所示。单击"确定"按钮。

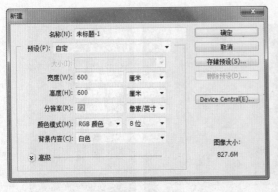  

图3.4.1　　　　　　　　　　图3.4.2　　　　　　　　　图3.4.3

（3）描边完毕后按快捷键Ctrl+J复制"图层1"为"图层1副本"，按快捷键Ctrl+T，进行自由变换，得到变换后的图形，参数设置和变换如图3.4.4所示。按Enter键应用变换。

（4）按住快捷键Ctrl+Shift+Alt的同时按下T键5次，按Enter键应用变换，变换后的效果如图3.4.5所示。自动产生的6个图层1副本，按Shift键，单击除背景层外的所有图层，如图3.4.6所示，再按快捷键Ctrl+E进行合并，得到"图层1副本6"，如图3.4.7所示。

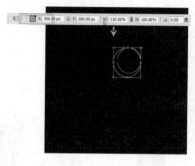

图3.4.4　　　　　　　　　　　图3.4.5　　　　　　　　　　　图3.4.6

（5）将合并后的图形按快捷键Ctrl+T进行自由变换，旋转变换20°，旋转中心在右上角，设置参数和效果如图3.4.8所示。按Enter键应用变换。按住快捷键Ctrl+Shift+Alt的同时按T键进行旋转一周。旋转后得到如图3.4.9所示效果图。按Enter键应用变换。

（6）单击"图层1副本23"，按住Shift键单击"图层1副本6"，选中这23个图层后按再按快捷键Ctrl+E进行合并，得到"图层1副本23"。移动"图层1副本23"到合适的位置，这样一个图案就完成了。

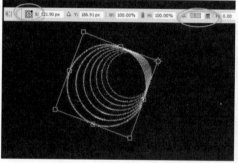

图3.4.7　　　　　　　　　　　图3.4.8　　　　　　　　　　　图3.4.9

（7）这张海报的设计中也运用了不同的单元体图形旋转，形成另一圆形的图案效果，整张海报以文字为主体，用铅笔工具绘制不同方向的直线，以线的交叉组合构成整张海报，达到与众不同的绘图效果，如图3.4.10所示。

3.4.2　优秀绘图海报案例制作赏析

下面分析几种典型的宣传海报作品，以便大家在设计时借鉴与参考。也可以根据本章所学的知识，动手实践操作。

图3.4.10

1 音乐海报

图3.4.11所示的是music-man网站的一张音乐海报设计，风格为抽象唯美类型。作品以富有变化的重叠光影作为背景萦绕在乐器的周围，营造一种迷醉投入的现场气氛来吸引受众，与音乐表演相关的信息放置在画面下方。这里主要用本章所学的烟雾笔刷结合描边路径完成整张设计。

图3.4.11   图3.4.12

图3.4.12所示的是另一张音乐海报设计，风格轻快活跃，作品以人物、音响、帆船、音乐符号等不同的渐变色块图形表现，运用剪纸图形的语言，以形的大小变化、线的放射等手法来体现音乐节奏感。这里主要用本章所学的路径工具、形状工具、渐变工具来绘制完成海报设计。

2 麦当劳宣传海报

图3.4.13所示的是麦当劳汉堡宣传海报。作品通过水果、蔬菜、等元素以点的构成交错融合在一起形成唯美的图案绘图风格。另外两张作品通过花木、阳光、灯泡、耳麦等按照一定的节奏与旋律组合画面，代表年轻、活力的步伐，整套系列海报通过画笔结合路径描边、形状工具和渐变填充工具绘制而成。

图3.4.13

99

第4章
立体效果类平面设计

商业包装设计

项目说明：

　　生活中的包装设计无处不在，绝大多数产品都需要进行包装然后才能销售，如何在同类产品中脱颖而出是设计的关键。目前包装设计的形式可以说是大同小异，要想标新立异就需要在包装设计上下非常大的功夫，才能得到相对成功的设计。设计时需要考虑不同的受众群、不同的地区和不同的消费层次等因素，这样才能进行更准确的定位。一个好的包装设计为企业带来的实际经济效益是无法估算的。

　　本章节通过1个典型的食品类包装设计项目、2个拓展实例把多个知识点总结为技巧提示，穿插在制作过程中，希望读者在练习中学会包装效果图的制作方法。

学习重点：

- 了解包装设计的准确定位；
- 了解包装设计中需要准确传达的产品的类型及特色；
- 学会包装上各种立体效果的仿真绘制。

4.1 包装设计的基础知识

学前导读

包装是产品最好的广告。在当今竞争激烈的销售市场中，好的包装设计是销售成功的关键之一。色彩与图案的运用，正确的平衡感和比例，材料和装饰的选择等都将在包装设计中得到具体体现。包装设计是立体的设计，是可运用于各种包装、箱盒、罐头、玻璃瓶以及平面上，是个直观的设计，当你在商店或超市琳琅满目的商品之中寻觅时，你的目光在每件产品上的停留时间最多只有0.5秒，因此，包装设计必须是直接的、直观的。这并不意味着它必须花哨显眼或朴素简单，但它必须清晰明了，使顾客对产品的用途一目了然。而且进行一项新的包装设计往往出于各种各样的原因，有时是为了推出一种全新的产品，或者是产品的更新换代，无论动机如何，对顾客的需求了解得越充分，最终的设计效果就越好。

4.1.1 包装广告功能分析

包装是一件商品外在的感官形象。包装最主要的的功能是保护商品，其次是美化宣传产品信息，当前在经济竞争日益激烈的市场中，包装设计慢慢朝着广告宣传的方向发展，特别是突出商品的信息与功能价值。

保护功能：商品的包装具有防震、防挤压、防潮、防霉、防腐蚀、防虫、防油、防紫外线、防盗等多项保护功能。如图4.1.1所示。

便利功能：从消费者角度看，包装商品应该便于携带、开启、使用、保存和回收等，并且要环保无污染，对生产商与经销商而言，包装的材料要易于成型，方便运输和陈列销售，消费者在开启、使用和保管时方便等，而这些都与包装材料的选择和运用、包装物的结构，容器图形的设计密切相关。如图4.1.2所示。

促销功能：包装是生产商与消费者进行信息交流的介质，所以商品的包装通常以良好的视觉冲击来促使消费者购买，从防护作用和便利作用的前提上延伸出促销作用。例如在大型超市中，设计师竭力以醒目的文字、精美的造型和明快简洁的色彩等设计语言来宣传商品，以扩大包装本身的促销功能，如图4.1.3所示。

图4.1.1

图4.1.2

图4.1.3

针对不同的商品和商品本身不同的需求，需要各种不同的包装，所以包装设计的形式具有多样性、复杂性与交叉性，一般情况下包装设计分类按包装形态可分为箱、筒、听、罐、瓶、盒、管、袋等；按包装材料分为木质、纸质、塑料、金属、玻璃等；按包装结果可分为手提式、可展开式、开窗式、折叠式、吊挂式、气结式等。根据不同的划分依据不尽相同。下面针对产品包装设计的分类进行介绍。

4.1.2 包装设计的原则

成功的包装设计除了保护商品之外，还要充分体现其广告宣传价值。所以在包装设计的过程中应该遵循以下3项原则。

1.外形要素

促销商品的前提就是要先吸引消费者的注意，这点可以通过包装设计来实现，所以一个包装的造型、材料与颜色都非常重要。

- 包装的造型：新奇、有趣、别致的包装造型可以吸引消费者注意，从而产生对商品进行深入了解的兴趣，增大购买概率，如图4.1.4所示。

图4.1.4   图4.1.5

- 包装的材料：材料的选择对于包装设计而言也是举足轻重的，例如选择有花边或者纹理的材料，可以提高商品的档次。

- 包装的色彩：从心理学角度来说，色彩在销售过程中几乎起决定性作用，有市场专家提出销售的4种最佳用色为黑、白、红、蓝，它们是支配人类生活节奏的四大重要颜色，所以简明艳丽的配色可以锁住消费者的视线，引发其兴趣并使其产生好感，如图4.1.5所示。

2.信息传达要素

商品包装上展示的商标、图形、文字和色彩组合排列在一起形成一个完整的画面。

商标是一种符号，是企业、商品的象征。商标一般分为文字商标、图形商标以及图文相结合的商标。包装设计的图形主要指产品的形象和其他辅助装饰形象等，图形设计的准确定位非常关键，图形以形象的视觉形式把信息传达给消费者。包装设计上要把商品正面、真实的信息内容传达给大众，使其准确地理解该产品。这不仅要求设计者根据产品的实际性质去选择设计风格，使包装与产品的档次相适应，还要求造型、色彩与图案等必须符合大众的习惯，以免误导消费者。

图4.1.6   图4.1.7

3.材料要素

材料要素是商品包装所用材料表面的纹理与质感，它往往影响到商品包装的视觉效果。在包装的材料中，纸质材料、塑料材料、玻璃材料、金属材料、陶瓷材料以及其他复合材料，都有不同的质地肌理效果。合理运用不同的材料并加以组合配置，可给消费者以新奇、冰凉或豪华等不同的感觉。材料要素也是当下环保包装设计的重要环节，它直接关系到包装的整体功能、经济成本、生产加工方式及包装废弃物的回收处理等多方面的问题。

4.1.3 包装结构分析

目前市场上的包装盒种类多得数不清楚，包装盒的结构设计也都不同。作为设计师，需要对最基本的包装结构进行了解，这样才能在需要制作各种不同结构的包装盒时很快地设计出来。

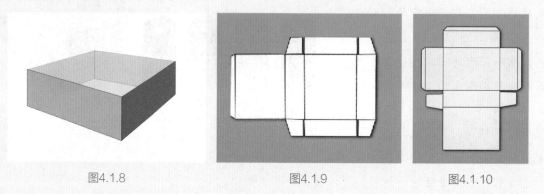

图4.1.8   图4.1.9   图4.1.10

在制作结构图之前，需要先了解包装盒的几个面，如正面、侧面以及底面等，下面以最基础的包装盒举例。图4.1.8所示的是目前最常见的方形包装盒，这个类型的包装盒的结构设计很简单。当然，也可以是其他的结构，如图4.1.9和图4.1.10所示。

图片中黑色的线是在制作印刷文件时的切线版（切线版需要单独出片，印刷时切线版文件要单独制作出来，不能与印刷的图形放在一个页面中）。所谓的切线版就是在成品文件制作完成后（不管盒子的形状是什么样，成品的图形印刷在整张的纸上），需要将成品进行裁切，就像上中学时几何课上使用剪刀剪出需要折叠的形状，但在印刷中是专门制作一个切线版来切割纸张，快速地得到折叠的形状。这就是目前市面上最简单、也是最常见的包装盒的结构设计。

制作切线版时，一定要注意将线的粗细设置为"极细线"，因为切线版是需要单独出片的，出片后在切印刷成品时需要很精确地对齐位置，否则一旦切线过粗，容易造成切偏或者其他错误。

切线版的颜色设置方面也有讲究，是不是切线版线的颜色可以随意地设置呢？不是。因为四色印刷的概念就是出四张菲林，每个菲林对应的就是CMYK中的一个，如果将切线制作成四色或者双色、三色，那么制作出来的切线版的菲林也与颜色的数量相同。所以制作切线时要将切线制作成单色，例如"C:0 M:0 Y:0 K:100"，这样在出菲林时，切线版的菲林就只有一张。

任何印刷品都需要制作出血，出血的尺寸一般都是3mm。如果文件的成品尺寸是210mm×285mm，那么在制作成品文件时，制作文件的尺寸就应该是216mm×291mm，在设计的时候，不要将需要的内容放在出血线附近，否则在裁切时出现裁切偏差，就很可能会将画面需要的内容裁切掉。

将设计平面图转换为立体效果图，才能最直观地知道自己的设计是不是最合适的、是不是好的，也可以知道其优缺点。另外，在设计一个面时，注意设计形式上要与其他面统一，但又有区别，这样设计出来的作品才是兼顾左右、深思熟虑的好作品。

4.2 包装设计的应用基础

4.2.1 规则形体的制作

效果图的制作主要是呈现包装设计中产品的整体效果，主要是用渐变工具、自由变换工具来表现包装结构造型，通过各混合模式进行仿真效果的制作。

1 通过渐变工具制作规则几何形体

1.按快捷键Ctrl+N，打开【新建】对话框，新建文件【名称】为"几何体造型"，【宽度】为800像素，【高度】为600像素，分辨率为280像素/英寸，【颜色模式】为RGB，【背景内容】为白色的新文件，如图4.2.1所示。选取渐变工具 按钮，再单击属性栏的 的颜色条部分，弹出【渐变编辑器】对话框，选取预设窗口中"黑白渐变"渐变颜色样式，选取色带下方右侧的色标，然后单击颜色 ，如图4.2.2所示。在弹出的【拾色器】对话框中设置蓝色（274d9e），如图4.2.3所示。

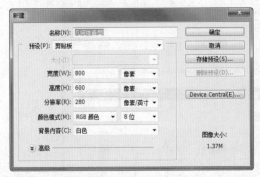

图4.2.1

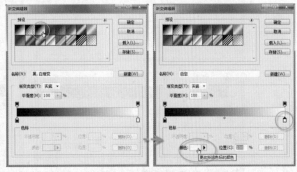

图4.2.2

2. 激活属性栏的线性渐变工具 按钮，由文件的上方向下方拖曳光标填充渐变色，释放鼠标左键，填充线性渐变效果，如图4.2.4所示。

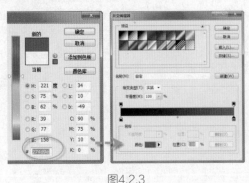

图4.2.3

图4.2.4

3.创建新图层"图层1"，单击矩形框选工具 按钮，在文件上单击鼠标拖动绘制一个矩形选框，如图4.2.5所示。选择渐变工具 按钮，再单击属性栏的 的颜色条部分，弹出【渐变编辑器】对话框，选取预设窗口中"黑白渐变"渐变颜色样式，将光标移到渐变选项色带下方中间位置单击，添加颜色色标按钮，如图4.2.6所示。

4.点选渐变选项色带下方右边的白色色标按钮，拖动色标移动到如图4.2.7所示的地方。

5.点选渐变选项色带下方左边的第一个黑色色标按钮，将光标移到渐变选项色带上如图4.2.8所示的位置单击，将这黑色色标的颜色换成灰色。

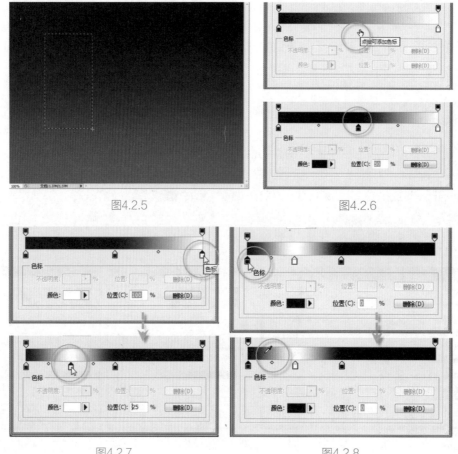

图4.2.5   图4.2.6

图4.2.7   图4.2.8

小提示 Tips

【渐变选项】色带：即在【渐变编辑器】对话框中显示渐变选项效果的颜色条。在【渐变选项】色带的下方有一些颜色标志，被称为颜色色标。【颜色】色标共有 3 种：当色标使用前景色时，显示为▲。当使用自定义颜色时，显示为▲。

在紧贴【渐变选项】色带的下方单击，可以在【渐变选项】色带上添加【颜色】色标。单击【颜色】色标，其上端的三角形区域显示为黑色时，表示它处于当前被选择的状态，可以对它进行颜色编辑。

选择【颜色】色标，单击右下角的 ┗删除(D)┛ 按钮，或直接拖曳【颜色】色标离开【渐变选项】色带，即可删除色标，但色带上至少需要保留两个【颜色】色标。

6.单击渐变选项色带下方右边的黑色色标按钮，拖动色标移动到如图4.2.9所示的地方。将光标移到渐变选项色带下方右边位置单击，添加新的颜色色标按钮，如图4.2.10所示，重复步骤5将黑色色标改成灰色色标。单击【确定】按钮。

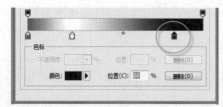
图4.2.9

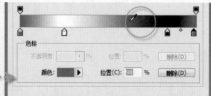
图4.2.10

7.按住Shift键，在文件的矩形选框内从左到右拖曳光标填充渐变色，释放鼠标左键，填充线性渐变效果，效果如图4.2.11所示。按快捷键Ctrl+D取消选区。

8.创建新图层"图层2"，选择工具栏中的椭圆选框工具 ○ 按钮，在图像上单击拖动鼠标拉出椭圆形选区，将光标移到选区内，按住光标不放，然后按住Shift键移动到如图4.2.12所示的位置。

图4.2.11   图4.2.12

9.选择选取渐变工具 ■ 按钮，单击属性栏的 ■ 的颜色条，在弹出【渐变编辑器】对话框，将渐变选项色带颜色设置如图4.2.13所示的效果。在文件的椭圆形选框内从左下角到右上角拖曳光标填充渐变色，释放鼠标左键，填充线性渐变效果，效果如图4.2.14所示。

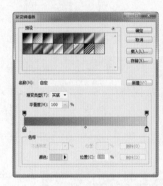
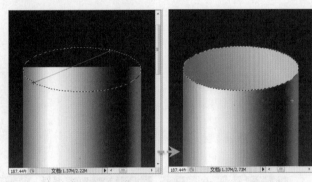

图4.2.13   图4.2.14

10.选择缩放工具 ○ 按钮，单击属性栏上方的 适合屏幕 按钮，将文件图像适合屏幕显示，选择工具栏中的椭圆选框工具 ○ 按钮，按Shift键，将椭圆形选框移到如图4.2.15所示的位置。单击图层面板上的图层"图层1"，按快捷键Ctrl+C、Ctrl+V，复制椭圆形图像，创建新图层"图层3"，如图4.2.16所示。

图4.2.15   图4.2.16

11.选择工具栏中移动工具 按钮，按住Shift键，将复制的椭圆形向下移到如图4.2.17所示的位置。按住Shift键，单击图层"图层1"，然后单击图层面板右上方的 ，在弹出的下拉列表中选择"合并图层"，如图4.2.18所示将两个图层合并为一个图层。

12.复制图层"图层3"得到新图层"图层3副本"，将图层"图层3副本"移到"图层3"的下方层，如图4.2.19所示。

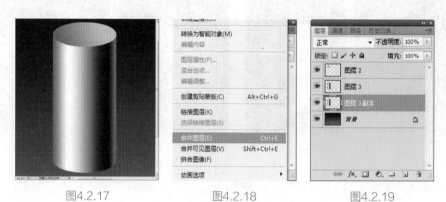

图4.2.17　　　　　　　图4.2.18　　　　　　　图4.2.19

13.选择工具栏中的移动工具 按钮，按住Shift键，将圆柱形图像移到下方，并且将图层"图层3副本"的不透明度设置为50%，效果如图4.2.20所示。

14.单击图层面板下方的添加矢量蒙版 按钮，选择工具栏中渐变填充工具 按钮，再单击属性栏的 的颜色条部分，弹出【渐变编辑器】对话框，选取预设窗口中"黑白渐变"渐变颜色样式，单击"确定"按钮，如图4.2.21所示。在渐变工具属性栏中单击线形渐变 按钮，勾选反向 反向 复选框，由文件的上方向下方拖曳光标填充渐变色，释放鼠标左键，填充线性渐变效果，得到倒影效果如图4.2.22所示。

15.选择工具栏中的椭圆选框工具 按钮，按住Shift键，在图像上单击拖动鼠标拉出正圆形选区，如图4.2.23所示。

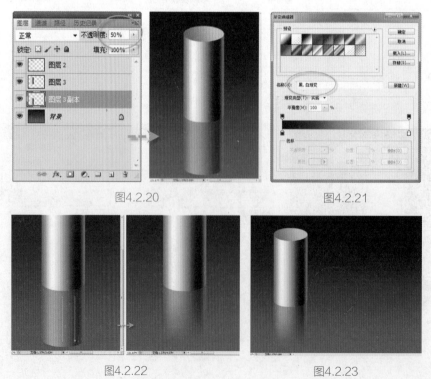

图4.2.20　　　　　　　　　　　　　图4.2.21

图4.2.22　　　　　　　　　　　　　图4.2.23

16.单击图层面板下方的新建┛按钮，创建新图层"图层4"。选择选取渐变工具█按钮，单击属性栏中的径向渐变█按钮，再单击属性栏的█████的颜色条，在弹出的【渐变编辑器】对话框中将渐变选项色带颜色设置为如图4.2.24所示的效果。在渐变工具属性栏中的█反向复选框里单击去掉勾选，将光标移到文件的正圆形选框内由左上角到右下角拖曳光标，放鼠标左键，填充径向渐变效果，绘制立体球形如图4.2.25所示。按快捷键Ctrl+D取消选区。

17.复制图层"图层4"得到新图层"图层4副本"，将图层"图层4副本"移到"图层4"的下方层，如图4.2.26所示。

图4.2.24　　　　　　　　　　图4.2.25　　　　　　　　　　图4.2.26

18.选择工具栏中的移动工具█按钮，按住Shift键，将球形图像移到下方，并且将图层"图层4副本"的不透明度设置为50%，效果如图4.2.21所示。执行菜单【编辑】/【变换】/【垂直翻转】命令，将图层"图层4副本"的球形反转。倒影图像如图4.2.28所示。

19.重复步骤14的操作，获得倒影效果如图4.2.29所示。

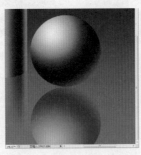

图4.2.27　　　　　　　　　　图4.2.28　　　　　　　　　　图4.2.29

20.创建新图层"图层5"，单击矩形框选工具█按钮，在文件上拖曳鼠标绘制出一个矩形选框，如图4.2.30所示。选择选取渐变工具█按钮，单击颜色条████，设置【渐变编辑器】对话框的色带颜色参数如图4.2.31所示。单击属性栏中的线形渐变█按钮，重复步骤7的操作，获得圆柱渐变效果。

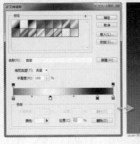

图4.2.30　　　　　　　　　　　　　　图4.2.31

21.执行菜单【编辑】/【变换】/【透视】命令，出现自由缩放定界框。将鼠标光标放置在定界框的右上角调节点上，按下鼠标向中间拖曳，可对图像进行透视变形命令。变形后的效果如图4.2.32所示。按Enter键取消变形操作。

图4.2.32

22.选择工具栏中的椭圆选框工具⊙按钮，在图像上绘制如图4.2.33所示的椭圆形。单击矩形框选工具回按钮，按Shift键，鼠标光标出现一个"+"号，在椭圆形上方绘制一个矩形选框，此时获得一个新的选择区域，如图4.2.34所示。

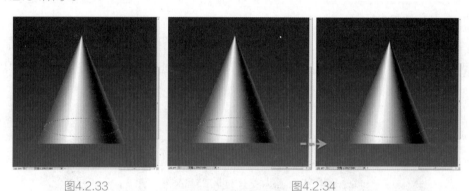

图4.2.33　　　　　　　　　　　图4.2.34

23.按快捷键Shift+Ctrl+I反向，按Delete键删除多余的部分,再按快捷键Ctrl+D取消选区。如图4.2.35所示。我们也可以利用变换工具将圆锥体变形，执行菜单【编辑】/【变换】/【变形】命令，出现网格框，将调节点两边的手柄向外移动，如图4.2.36所示。按Enter键取消变形操作。

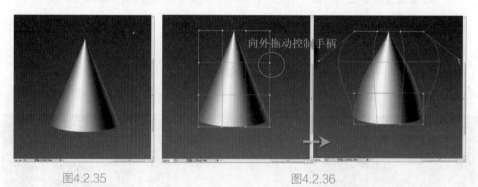

图4.2.35　　　　　　　　　　　图4.2.36

24.复制图层"图层5"得到新图层"图层5副本"，重复步骤17、18、19，获得倒影效果如图4.2.37所示。最终效果如图4.2.38所示。

 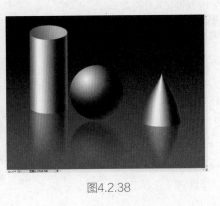

图4.2.37　　　　　　　　　　　图4.2.38

4.2.2　复杂的立体仿真效果制作

在包装设计中，创造力的体现在于对立体形态的感知和设计上，合理的运用纸张材料性能，在立体包装容器设计中满足功能需求的前提下考虑简约性和环保性。在纸类包装设计中，纸质材料可以制作成包装箱、包装盒、包装杯等不同形式。各种材料的硬纸可以通过切、割、折、插、粘等工艺，使其成为具有三维立体感的商品包装盒。以下实例是一个狗粮的食品包装设计，设计的亮点在于其造型本身，它的展开过程是由若干个面移动、堆积、折叠、包围而成的多面体。绘制过程可以通过【自由变换】命令完成复杂的立体造型。

执行【自由变换】命令可以直接利用鼠标对图像进行变换操作。自由变换的属性栏如图4.2.39所示。

| ⊞ ⋮ | ⊞ X: 341.00 px | △ Y: 265.00 px | W: 100.00% | ⊗ H: 100.00% | ⊿ 0.00 度 | H: 0.00 度 | V: 0.00 度 | ⊗ Ⓞ ✓ |

图4.2.39

- ⊞【中心点位置】图标：中间的黑点显示的是调节中心在定界框中的位置，任意单击其他的白色小点可将调节中心移动至相应的位置。另外，将光标移到变换框中间的调节中心上，待光标变成▸形状时拖曳鼠标光标，可以在图像上任意移动调节中心的位置。

- 【X】、【Y】选项：设置其右侧窗口中的数值，可精确定位调节中心的坐标，其单位为像素。

- △【使用参考点相关定位】按钮：可以在[X]和[Y]选项右侧的窗口中设置调节中心在原坐标的位置处移动多少像素，其数值可以为正值，也可以为负值。

- 【W】值为水平缩放比例，【H】值为垂直缩放比例。

- ⑧【保持长宽比】按钮，锁定[W]值和[H]值使用相同的缩放比例，保持对图像进行等比例缩放。

- ⊿【旋转】按钮：在其右侧的窗口中输入数值，用于设置图像的旋转角度。

- 【H】、【V】选项：决定图像的倾斜角度。[H]值为水平方向，[V]值为垂直方向。

- ▦【在自由变换和变形模式之间切换】按钮：激活此按钮，可以由自由变换模式切换为变形模式；取消其激活状态，可再次切换到自由变换模式。

1.按快捷键Ctrl+N，打开【新建】对话框，创建一个新文件，输入名称为"狗粮包装效果图"，参数设置如图4.2.40所示。执行菜单【图像】/【图像旋转】/【90°顺时针】命令，将文件图像竖构图转换为横构图。打开随书所附光盘中名为"狗粮包装展开图"的图片，选择工具栏中的矩形选框工具▣按钮，框选如图4.2.41所示的区域，也就是包装盒的正面。单击工具栏中的移动工具▸按钮，将选区内的图像移到新建文件中。

图4.2.40 图4.2.41

2.文件太大，则按快捷键Ctrl+T，执行自由缩放命令，出现自由缩放定界框。按住Shift键，将鼠标光标放置在定界框四个角的调节点上，按下鼠标拖曳；可对图像进行任意缩放命令。按Enter键取消变形操作，缩放后的效果如图4.2.42所示。选择直线套索工具 ▽ 按钮，扣选如图4.2.43所示的图像部分，按Delete键删除。

小提示 Tips

执行菜单中的【编辑】/【变换】命令可以对图像进行不同的变形操作，来改变图像的各种形态。具体操作如下：
◇选取菜单栏中的【编辑】/【变换】/【缩放】，可以缩放图像的大小；
◇选取菜单栏中的【编辑】/【变换】/【旋转】，可以任意旋转图像的角度；
◇选取菜单栏中的【编辑】/【变换】/【斜切】，可以上下斜切图像；
◇选取菜单栏中的【编辑】/【变换】/【扭曲】，可以扭曲图像；
◇选取菜单栏中的【编辑】/【变换】/【透视】，可以透视图像。

3.选择图层"背景层"，单击渐变工具 ▣ 按钮，单击颜色条 ▬▬▬ ，设置【渐变编辑器】对话框的色带颜色参数如图4.2.44所示。单击属性栏中径向渐变 ▣ 按钮，按住Shift键，由文件的下方向上方拖曳光标填充渐变色，释放鼠标左键，填充径向渐变效果。

4.新建图层"图层2"，单击属性栏中的直线渐变按钮，按住Shift键，由文件的下方向上方拖曳光标填充渐变色，释放鼠标左键，填充直线渐变效果，将"图层2"的不透明度设置为45%，效果如图4.2.45所示。

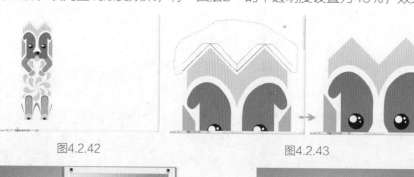

图4.2.42 图4.2.43

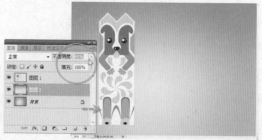

图4.2.44 图4.2.45

5.选择工具栏中的矩形选框工具 按钮，在素材"狗粮包装展开图"的图片中框选如图4.2.46所示的区域，也就是包装的侧面。单击工具栏中的移动工具 按钮，将选区内的图像移到"狗粮包装效果图"文件中。

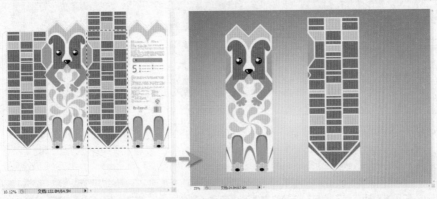

图4.2.46

6.按快捷键Ctrl+T执行"自由变换"命令，出现变换框后，按快捷键Shift+Ctrl，使用鼠标垂直向上拖动左边中心调节点进行斜切变形。松开键盘，按Shift键，用鼠标移动左上角的调节点进行等比例大小缩放，如图4.2.48所示。按Enter键取消自由变换，得到如图4.2.49所示的效果。将该图层"图层1"命名为"正面"。选择图层"图层3"命名为"侧面"。如图4.2.50所示。

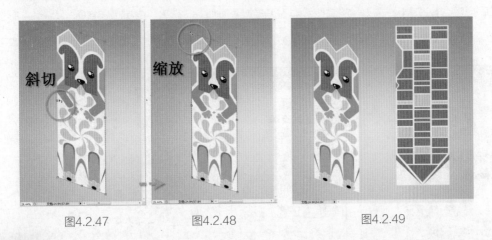

图4.2.47   图4.2.48   图4.2.49

小提示 Tips

在操作"自由变换"时，一定要熟练掌握变换的方法，以及如何配合 Ctrl、Shift 和 Alt 键进行相应的变化，这样才能在制作时快速得到理想的变形效果。

7.将侧面图移到正面图的右边，使侧面图左下角与正面图右下角吻合，按快捷键Ctrl+T执行"自由变换"命令，出现变换框后，按住Shift键用鼠标移动左上角的调节点进行等比例缩小，如图4.2.51所示。按住快捷键Shift+Ctrl，将光标移到侧面图右侧中心调节点，先垂直向上拖动进行斜切变形，如图4.2.52所示。松开键盘，再向左移动进行缩放，如图4.2.53所示。

图4.2.50

图4.2.51

图4.2.52

在"自由变换"操作时，如果发现调节点不能与制作好的立体效果的盒子吻合或者不确定是否吻合时，在画面存在变换框的条件下，按快捷键 Ctrl+Space（空格），鼠标就变成放大镜工具，这是对画面局部放大就可以对调节点进行精准的定位了。也可以按快捷键 Ctrl++ 来进行放大，按快捷键 Ctrl+"—"进行缩小。

8.按Ctrl键单击图层"侧面"的小预览图，载入侧面图的选区，如图4.2.54所示。新建图层"图层3"，隐藏图层"侧面"。如图4.2.55所示。

9.选择渐变填充工具，在渐变编辑器中选择前景到背景渐变，将前景色设置为a1a1a1，背景色设置为c4c3c3，在选区内从左向右拉出直线渐变，效果如图4.2.56所示。按快捷键Ctrl+D取消选区。

图4.2.53

图4.2.54

图4.2.55

图4.2.56

10.新建图层"图层4"，如图4.2.57所示。选择矩形选框工具⬚按钮，绘制矩形选区，选择渐变填充▤工具，渐变颜色的参数与步骤9相同，在选区内从左向右拉出直线渐变，效果如图4.2.58所示。按快捷键Ctrl+D取消选区。用移动工具将矩形渐变移到如图4.2.59所示的位置，使用"自由变换"命令将该矩形变形，可以配合Ctrl键，移动其中一个调节点变形图形，效果如图4.2.60所示。

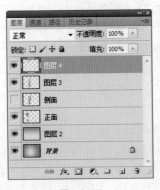
图4.2.57

图4.2.58

图4.2.59

11.新建图层"图层5"，如图4.2.61所示。制作出包装盒另外一个面的立体效果。如图4.2.62所示。

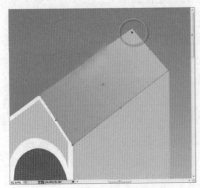

图4.2.60

图4.2.61

图4.2.62

12.将图层"侧面"移到最上层，将其混合模式设置为"正片叠底"模式，如图4.2.63所示。

13.选择工具栏中的矩形选框工具⬚按钮，在素材"狗粮包装展开图"的图片中框选如图4.2.64所示的区域，单击工具栏中的移动工具▶按钮，将选区内的图像移到"狗粮包装效果图"文件中，使用"自由变换"命令将图形变形。效果如图4.2.65所示。

图4.2.63

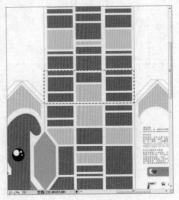
图4.2.64

图4.2.65

14.使用相同的方法制作出最后一个面的效果，如图4.2.66所示。将图层"正面"、"图层6"、"图层4"移到上方层，顺序排列如图4.2.67所示。单击图层"图层2"、"背景"的缩览图前的指示图层可视性👁按钮，将其都隐藏，单击图层面板右上方的▤图标，在弹出的下拉菜单中选择"合并可见层"，如图4.2.68所示。将合并后的图层重新命名为"立体盒1"，单击图层"图层2"、"背景"缩览图前的可视性按钮👁，将图层显示，如图4.2.69所示。

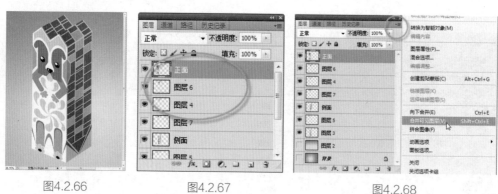

图4.2.66   图4.2.67   图4.2.68

15.下面开始对包装盒进行仿真化处理。该纸盒的纸张手感上比较厚，所以视觉上不会像现在这样有边缘清晰的效果。选择工具栏中的矩形选框工具，在正面与侧面的交界处制作出如图4.2.70所示的选区，执行【选择】/【修改】/【羽化】命令，打开"羽化选区"对话框，羽化参数设置如图4.2.71所示，单击"确定"按钮后，选区就被羽化了。按快捷键Ctrl+M，打开"曲线"对话框，曲线设置如图4.2.71所示。

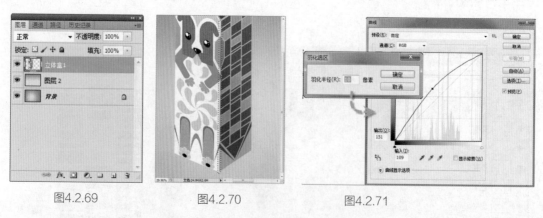

图4.2.69   图4.2.70   图4.2.71

16.使用同样的方法将其他边的效果做出来，如图4.2.72所示。

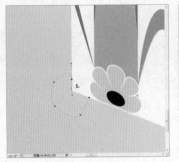
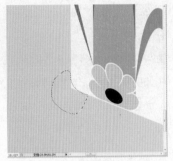

图4.2.72　　　　　　　　图4.2.73　　　　　　　　图4.2.74

17.包装盒比较厚的材质效果制作出来了，但边角的部分还是比较生硬，所以要对包装的边角进行处理。选择工具栏中的钢笔工具，在包装盒的左下角位置制作出如图4.2.73所示的路径线，按快捷键Ctrl+Enter将路径转换为选区，如图4.2.74所示。

18.按Delete键删除选区中的角，取消选区后，得到如图4.2.75所示的效果。用同样的方法将其他棱角部分进行处理，得到如图4.2.76所示的效果。

19.选择工具栏中的矩形选框工具，在立体盒底部交界处制作出如图4.2.77所示的选区，执行【选择】/【修改】/【羽化】命令，打开"羽化选区"对话框，羽化参数半径为6像素。

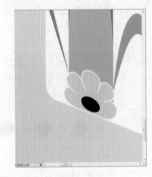

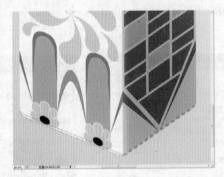

图4.2.75　　　　　　　　图4.2.76　　　　　　　　图4.2.77

20.按快捷键Ctrl+M，打开"曲线面板"，"曲线"参数设置如图4.2.78所示。得到非常真实的包装盒效果。

21.盒子的包装效果制作完成了，现在需要添加投影。好的投影效果能够将画面烘托得更加理想，所以投影的制作也不能马虎。在素材"狗粮包装展开图"的图片中框选正面图，移到"狗粮包装效果图"文件中，创建图层"图层3"，如图4.2.79所示。

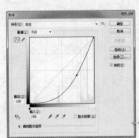
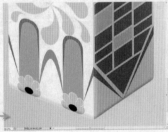

图4.2.78　　　　　　　　　　　图4.2.79

22.使用"自由变换"命令将图形变形。效果如图4.2.80所示。按Alt键单击图层"图层3"的小预览图，载入该图层"图层3"的选区，如图4.2.81所示。

23.隐藏图层〝图层3〞，新建图层〝图层4〞，如图4.2.82所示。将图层〝图层4〞命名为〝阴影〞，如图4.2.83所示。

24.按快捷键Shift+F6，打开〝羽化选区〞对话框，羽化数值为15像素，将前景色设置为深灰色，参数设置如图4.2.84所示。选择工具栏中的画笔工具，设置画笔大小与样式参数如图4.2.85所示。

25.设置好画笔工具后，在选区中进行绘制，得到如图4.2.86所示的阴影效果。选择工具栏中的加深工具，将靠近包装盒的阴影进行加深处理，取消选区得到如图4.2.87所示的非常真实的阴影效果。这样包装盒的立体效果就制作完成了。

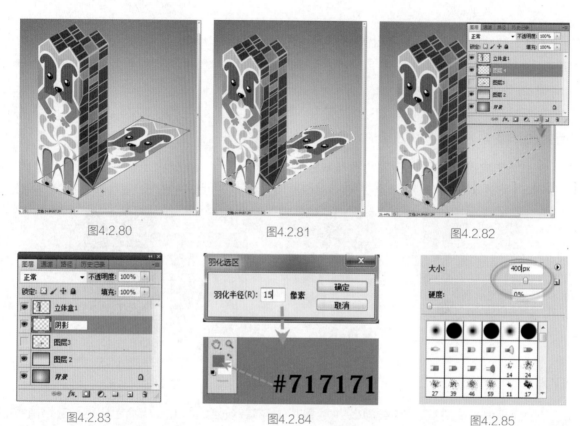

图4.2.80　　　　　　　图4.2.81　　　　　　　图4.2.82

图4.2.83　　　　　　　图4.2.84　　　　　　　图4.2.85

26.包装产品是个全方位的立体产品，需要展示给客户各个面的设计，因此还要设计其他立体造型来体现不同的设计面效果。如图4.2.88所示。

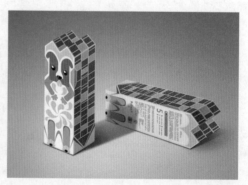

图4.2.86　　　　　　　图4.2.87　　　　　　　图4.2.88

在【编辑】/【变换】命令中还可以对图像进行旋转、翻转变换，快速达到指定变换效果。

◇选取菜单栏中的【编辑】/【变换】/【旋转180°】，可以使图像旋转180°；

◇选取菜单栏中的【编辑】/【变换】/【旋转90°（顺时针cw）】，可以顺时针旋转图像90°；

◇选取菜单栏中的【编辑】/【变换】/【垂直翻转】，可以垂直翻转图像；

◇选取菜单栏中的【编辑】/【变换】/【水平翻转】，可以水平翻转图像。

4.2.3 操作习题

参照本案例所学的制作立面、阴影、倒影的方法，打开所附光盘中练习四文件中"狗粮包装系列3展开图"素材图片，请同学们用自由变换工具完成商业包装仿真效果的制作。按照需求合理的布局，完成不同的摆放效果。要求统筹大局，对每个面都进行细致认真的制作，能让客户全方面看到每个包装面。底色配色格调统一、大方，要求用Photoshop软件独立完成。尺寸：21cm×29cm（横、竖构图不限），分辨率：150dpi，模式：CMYK，保存格式：psd，要求附有图层。

参考效果如图4.2.89所示。

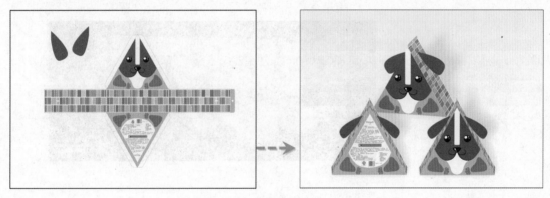

图4.2.89

4.3 商业包装设计

4.3.1 项目描述分析

莲子包装效果图制作

1. 项目描述

食品包装通常有活泼型、诱人型和尊贵型等几个设计方向。不同的市场定位，其设计形式也是不同的，食品包装设计要体现产品的特点。本食品包装广告是为浦江上山生态农场设计的系列名特优土特产的一款白莲包装盒，最终成果如图4.3.1所示。由于浦江具有厚重的文化积淀，上山作为早期新石器时代文化遗址，对新石器考古学研究和农业起源研究有重要的意义。上山地处浦江盆地中地势平缓的河谷地带，所以上山生态农场的土特产自然已经远远超出食品的范畴。自然与传承上山文化联系在一起。在生活质量不断提高的今天，人们更加喜欢土特产，更加注重土特产的包装，所以生产商对当地土特产的包装问题愈发重视，因为它不仅影响到土特产的销售，还会起到宣传广告的作用。例如消费者看到系列优秀的土特产包装时，首先会看是哪里生产的，这大大有利于企业的形象。

图4.3.1

尺寸：礼盒4盒装，外包装的成盒尺寸31cm×28cm×10cm。

用纸：150g铜板纸印刷，压膜。

由于是传统特产，而浦江历代名人辈出，为中国书画之乡，所以本例以中国画为设计元素，制作可以体现出具有高雅的书画韵味的莲子盒包装。下面通过包装盒的图文元素、色彩配合、LOGO与文字3个方面详细对本产品进行介绍。

- 图文元素：由于浦江是中国书画之乡，白莲历来是书画爱好者的绘画题材，选用中国画荷花笔墨为背景与产品更好的结合起来，同时在LOGO与主标题背景采用中国画水墨墨滴的笔墨效果，使作品透出清新、高雅之感。

- 配色：本作品的外包装以灰绿色、灰黄色为主调。其色调同花蕾荷叶的颜色相协调，而各种色灰向来是色彩学中的高级灰，具有高雅之感。同时外包装的灰绿色在夏天往往给人以清凉舒适的感情色彩，与莲子的清凉降火的功效不谋而合。

- LOGO与文字：为体现食品的产品价值和商业价值，将书法字体的"白莲"放在画面正中，"浦江特产"及功效以强烈的红色对比，运用各种图层样式突出而醒目，是消费者一眼就看见产品及产地。另外，包装盒少不了生产商的商标，"上山"LOGO的放在正面左上方较显眼的位置，非常符合认得正常视觉流程。

2. 任务目标

最终目标：学会制作商业包装立体效果图。

促成目标：（1）了解商业包装设计的原则与设计构思；

（2）掌握商业包装设计的制作流程；

（3）能够收集相关的创作素材；

（4）能够根据印刷要求进行商业包装设计。

3. 任务要求

任务1：莲子包装的创意与构思。

任务2：莲子包装展开图的制作。

任务3：莲子包装立体效果图制作。

4. 教学过程设计

（1）学生对该产品进行调研分析、要素挖掘、设计开发、设计修正；

（2）学习包装立体素面效果图的技能操作；

（3）学习包装仿真效果制作。

5. 设计流程

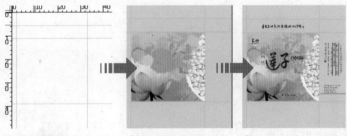

①按照实际尺寸添加多组参考线　②添加国画底纹与荷花背景，绘制笔墨图形　③输入LOGO、主标题与文字内容，完成外包装展开图

④ 按照尺寸制作内包装展开图　⑤制作外包装立体的效果图　⑥添加内包装的立体图，完成内外包装盒制作

图4.3.2

6. 操作要点分析

（1）利用渐变填充工具制作各种立体渐变效果；

（2）通过自由变换命令制作各种立体变形；

（3）利用路径完成细节圆角、厚度、质感的处理；

（4）利用高斯模糊、蒙版等制作投影与阴影的仿真效果。

4.3.2 制作步骤

1.在设计之前，需要先确定产品的尺寸，本例产品的外包装盒尺寸为正面宽32cm，高28cm，厚11cm。执行【文件】/【新建】命令，弹出对话框，根据包装盒尺寸大小进行设置，具体参数如图4.3.3所示，将文件命名为"莲子外包装展开图.psd"，单击"确定"按钮。根据包装结构图的尺寸设置参考线，执行【视图】/【标尺】（快捷键为Ctrl+R）选择移动工具，使用鼠标从左边的标尺栏中拉出如图4.3.4所示的参考线。（包含出血尺寸0.3厘米，这里的包装盒结口粘合处不需要做任何设计）。

2.新建"图层1"，如图4.3.5所示，将前景色设置为灰绿色，参数设置如图4.3.6所示。设置完成后，按快捷键Alt+Delecte填充前景色。

图4.3.3   图4.3.4   图4.3.5

3.按快捷键Ctrl+O，打开随书所附光盘中名为"国画"的素材图片，选择工具栏中的移动工具，按钮，将"国画"移到"莲子外包装展开图"图像中，自动生成"图层2"，如图4.3.7所示。

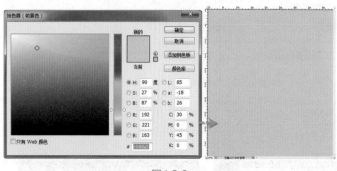

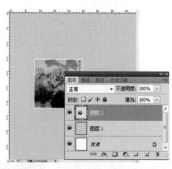

图4.3.6   图4.3.7

4.按快捷键Ctrl+T调出自由变换框，执行"自由变换"命令，在国画四周出现自由变换框，按Shift键，使用鼠标向画面中心拖动变换4个角的任意一个变换点，将国画放大，调整到如图4.3.8所示的大小，按Enter键应用变换。

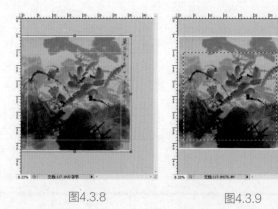

图4.3.8   图4.3.9   图4.3.10

5.选择工具箱中的框形选框工具，拉出如图4.3.9所示的选框，按快捷键Shift+Ctrl+I反选，按Delete键删除多余部分，得到效果如图4.3.10所示。按快捷键Ctrl+D取消选区。在图层面板中将"图层2"的图层混合模式设置为"明度"，不透明度设置为30%，如图4.3.11所示。更改图层的混合模式后，国画效果与灰绿色背景变得十分统一，效果如图4.3.12所示。

6.下面开始放置"莲子"。 按快捷键Ctrl+O，打开随书所附光盘中名为"莲子"的素材图片，如图4.3.13所示。

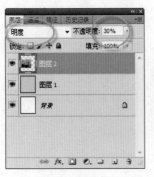
图4.3.11

图4.3.12

图4.3.13

7.接下来进行"莲子"图片的校色处理。按快捷键Ctrl+L，打开"色阶"对话框，具体参数如图4.3.14所示，单击"确定"按钮应用色阶。执行【图像】/【调整】/【色彩平衡】命令（快捷键为Ctrl+B）弹出"色彩平衡"对话框，设置参数如图4.3.15所示。单击"确定"按钮应用色彩平衡。执行【滤镜】/【锐化】/【UBM锐化】命令，弹出"USB锐化"对话框，设置参数如图4.3.16所示，单击"确定"按钮，得到如图4.3.17所示的效果。

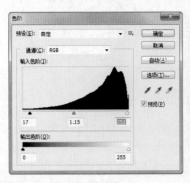
图4.3.14

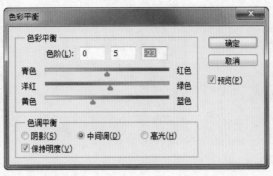
图4.3.15

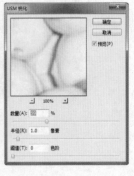
图4.3.16

8.执行【图像】/【旋转画布】/【90度（逆时针）】命令，旋转图像如图4.3.18所示。选择工具箱中的移动工具，将调整好的"莲子"图像拖曳到主文档上，自动生成"图层3"，如图4.3.19所示。

图4.3.17

图4.3.18

图4.3.19

123

9.单击"图层3",按快捷键Ctrl+J,复制"图层3副本", 选择"图层3副本",单击图层眼睛图标 ⬛,隐藏"图层3"。选择工具箱中的多边形套索工具 ⬛,勾勒出如图4.3.20所示的选区,按快捷键 Shift+Ctrl+I反选,按Delete键删除多余部分,得到如图4.3.21所示的效果,按快捷键Ctrl+D取消选区。 将莲子图像移到右边合适的位置,如图4.3.22所示。

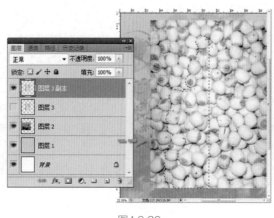 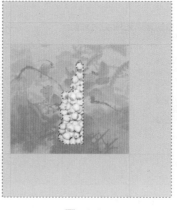

图4.3.20   图4.3.21

10.选择"图层3",用同样的方法勾勒出如图4.3.23所示的选区,反选并且删除多余部分得到如图 4.3.24所示效果。

图4.3.22   图4.3.23   图4.3.24

11.将"图层3"移到"图层3副本"的上方,调整位置如图4.3.25所示。按Shift键同时选择"图层 3"和"图层3副本",按快捷键Ctrl+E,合并图层得到"图层3",单击"图层3"将它重命名为"莲 子",如图4.3.26所示。

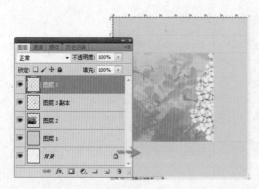 

图4.3.25   图4.3.26

12.下面添加荷花。按快捷键Ctrl+O命令，打开随书所附光盘中名为"荷花"的素材图片，如图4.3.27所示。选择移动工具将荷花素材拖曳到主文档中，得到图层3，如图4.3.28所示。选择工具栏中的直线套索工具 将画面的荷花勾勒出来，如图4.3.29所示。

| 图4.3.27 | 图4.3.28 | 图4.3.29 |

13.按快捷键Shift+Ctrl+I反选，按Delete键删除，如图4.3.30所示，按快捷键Ctrl+D取消选区。

14.下面得将荷花放大反转。按快捷键Ctrl+T，执行"自由变换"命令，按Shift键，使用鼠标向画面中心拖动变换4个角的任意一个变换点，将荷花放大。在变换框内单击鼠标右键弹出对话框，选择"水平翻转"，如图4.3.31所示，按Enter键应用变换，将荷花图像移到左下方位置，如图4.3.32所示。

| 图4.3.30 | 图4.3.31 | 图4.3.32 |

15.框选"荷花"图像多余的枝干，如图4.3.33所示，按Delete键删除，按快捷键Ctrl+D取消选区，如图4.3.34所示。将"图层3"按住不放拖曳到新建图层按钮，放开鼠标得到"图层3副本"，将图层"图层3副本"移到"图层3"的下方。如图4.3.35所示。

| 图4.3.33 | 图4.3.34 | 图4.3.35 |

16.单击矩形选框工具，框选出如图4.3.36所示的选框，按Delete键删除选区内的图像，按Ctrl+D取消选区，如图4.3.37所示，将删除后的荷花移置到左下方，如图4.3.38所示。按快捷键Ctrl+T，调整荷花的大小如图4.3.39所示，按Enter键应用变换。将"图层3副本"的混合模式调整为"明度"，得到如图4.3.40所示的效果。这样荷花背景就做好了。

图4.3.36　　　　　　　　　图4.3.37　　　　　　　　　图4.3.38

图4.3.39　　　　　　　　　　　　　图4.3.40

17.下面开始放置标志部分。按快捷键Ctrl+O命令，打开随书所附光盘中名为"标志"的PSD文件，如图4.3.41所示，选择标志透明层，用移动工具将标志移到主文档中，生成图层"图层4"，把"图层4"移到最上方图层，标志放在如图4.3.42所示的位置。

18.新建"图层5"，如图4.3.43所示。打开随书所附光盘中名为"圆圈水墨"的PSD文件，用矩形选框工具框选如图4.3.44所示的区域。按V键，将选框工具切换为移动工具，将选中的圆圈水墨图像移到如图4.3.45所示的位置。

图4.3.41　　　　　　　　　图4.3.42　　　　　　　　　图4.3.43

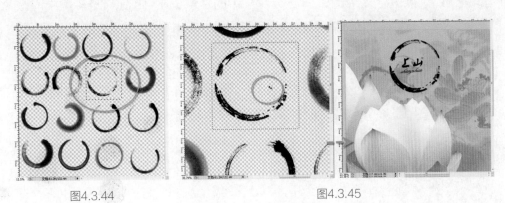

图4.3.44　　　　　　　　　　　　　图4.3.45

19.将前景色设置为白色，单击图层面板上方的"锁定透明像素"按钮，按快捷键Alt+Delete填充前景色，得到如图4.3.46所示的笔墨圆弧。用魔棒工具 和橡皮擦工具 调整圆弧，效果如图4.3.47所示。

图4.3.46　　　　　　　　　　　　　图4.3.47

20.将"图层5"移置"图层4"下方，将处理好的圆弧笔墨效果叠放在标志下，调整标志和圆弧的大小，置放在如图4.3.48所示的位置。

21.复制"图层5"为"图层5副本"，按快捷键Ctrl+T，执行"自由变换"命令，在圆弧四周出现自由变换框，按Shift键，使用鼠标向画面中心拖动变换4个角的任意一个变换点，向外拖动将圆弧放大。在变换框内单击鼠标右键，在弹出的对话框中分别单击"水平翻转"和"垂直翻转"，然后将光标移到变换框外变成旋转符号时，旋转角度，调整如图4.3.49所示的效果。按Enter键应用变换。

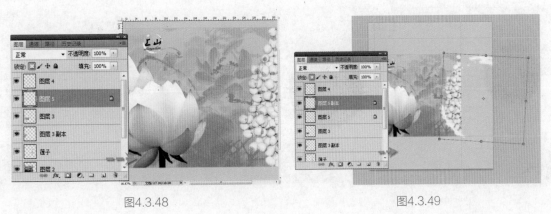

图4.3.48　　　　　　　　　　　　　图4.3.49

22.用工具栏的矩形选框工具，框选多余的部分如图4.3.50所示，按Delete键删除，按快捷键Ctrl+D取消选区。效果如图4.3.51所示。

23.打开墨滴素材，如图4.3.52所示。单击工具栏中的套索工具 ◯ 按钮，选择其中的墨滴，绘制如图4.3.53所示的选区，用工具栏中的移动工具 ➤ 将墨滴移到主文档中，自动生成图层"图层6"，效果如图4.3.54所示。

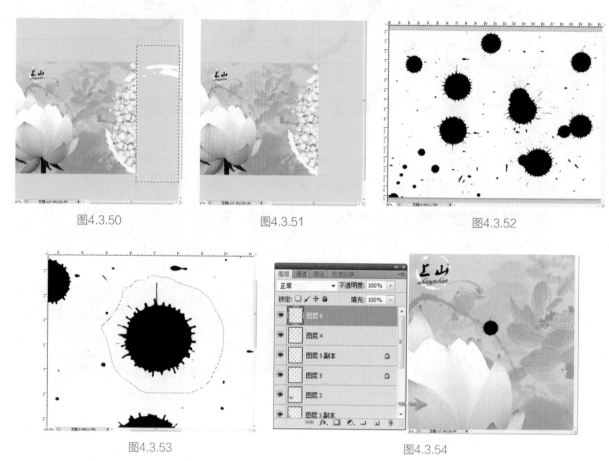

图4.3.50   图4.3.51   图4.3.52

图4.3.53   图4.3.54

24.按快捷键Ctrl+T，自由变换大小和旋转角度，将墨滴调整到如图4.3.55所示的效果，按Enter键应用变换。按住Ctrl键不放，用鼠标左键单击"图层6"的小预览图，载入当前墨滴的选区，如图4.3.56所示。新建图层"图层7"，单击图层"图层6"的 ◉ 图标，隐藏"图层6"，如图4.3.57所示。

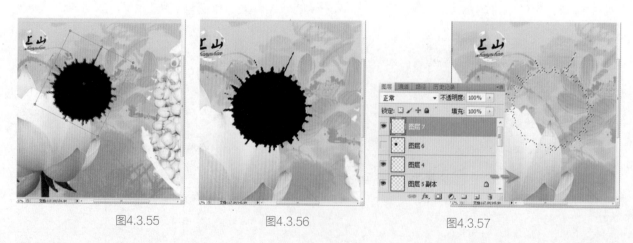

图4.3.55   图4.3.56   图4.3.57

25.设置前景色为土黄色，参数如图4.3.58所示。按快捷键Alt+Delete填充墨滴颜色，完成后按快捷键Ctrl+D取消选区。如图4.3.59所示。单击工具栏中的套索工具 按钮，绘制如图4.3.60所示的选区，按Delete键删除多余部分。

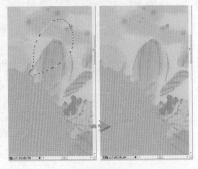

图4.3.58　　　　　　　　　　　图4.3.59　　　　　　　　　　　图4.3.60

26.下面复制其他2个墨滴，选择移动工具，按住Alt键不放，将鼠标移置土黄色墨滴上，出现两个三角形状的光标，将墨滴移到左边，放开左键自动复制生成"图层7副本"，调整墨滴的大小，效果如图4.3.61所示。将前景色设置为米黄色，参数设置如图4.3.62所示，单击图层面板上方的锁定 按钮，锁定透明像素，按快捷键Ctrl+Delete填充前景色，如图4.3.63所示。

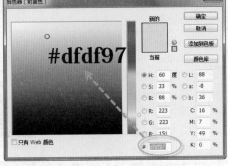

图4.3.61　　　　　　　　　　　图4.3.62　　　　　　　　　　　图4.3.63

27.用与前面相同的方法，复制第三个墨滴，得到"图层7副本2"，将第三个墨滴缩小移到如图4.3.64所示的位置，设置前景色为草绿色，参数如图4.3.65所示，锁定透明区域按快捷键Ctrl+Delete填充前景色，最终效果如图4.3.66所示。

图4.3.64　　　　　　　　　　　图4.3.65　　　　　　　　　　　图4.3.66

28.下面开始输入主标题文本，按工具栏中的水平文字输入 **T**，选择黑色，输入文字"莲子"，将文字全部选取，单击属性栏中的 按钮，在弹出的【字符】面板中调整文字的字体和大小参数，如图4.3.67所示。单击属性栏中的 ✔ 按钮完成文字的设置。

图4.3.67

29.单击图层面板下方的添加图层样式 *fx.* 按钮，如图4.3.68所示。在弹出的"图层样式"对话框中设置"描边"选项，具体参数如图4.3.69所示，完成后得到如图4.3.70所示的效果。

图4.3.68

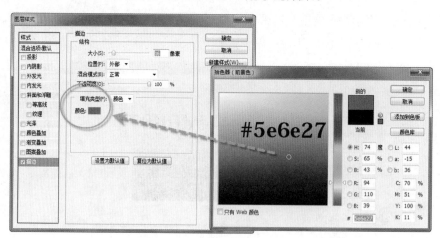

图4.3.69

30.用相同的方法选择工具栏中的直排输入文字工具 *IT* 按钮，文字参数如图4.3.71所示，输入"白莲"文字并调整位置。设置"图层样式"的"描边"选项，具体参数和效果如图4.3.72所示。

图4.3.70

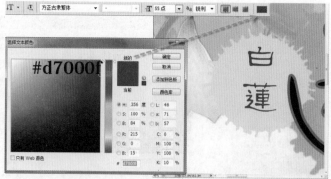

图4.3.71

31.主标题制作完毕。下面开始放置广告语。按快捷键Ctrl+O打开随书所附光盘中名为"广告语"的文件，如图4.3.73所示的广告语。

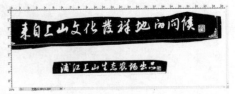

图4.3.72　　　　　　　　　　　　　　　图4.3.73

32.执行菜单【选择】/【色彩范围】命令，单击白色文字部分，单击"确定"按钮得到如图4.3.74所示的选区。

图4.3.74

33.选择工具栏中的移动工具，将选区内的白色移到主文档中，如图4.3.75所示。选择工具栏中的套索工具，框出如图4.3.76所示的选区，按Delete键删除，按快捷键Ctrl+D取消选区，如图4.3.77所示。

图4.3.75　　　　　　　　　图4.3.76　　　　　　　　　图4.3.77

34.用矩形选框工具框选广告语，按快捷键Ctrl+X剪切，再按快捷键Ctrl+V粘贴，自动生成新的图层"图层9"，如图4.3.78所示。

35.用移动工具将广告语移置画面上方，将"图层8"的文字图像移置画面下方，调整位置后如图4.3.79示。下面将文字改成黑色，激活图层"图层8"，图层面板上方的锁定按钮，锁定"图层8"透明像素，如图4.3.80所示。

图4.3.78

图4.3.79

图4.3.80

36.选择工具栏中的套索工具 按钮，框选文字部分，将前景色设置为黑色，按快捷键Alt+Delete填充文字颜色，如图4.3.81所示，完成后按快捷键Ctrl+D取消选区。下面把印章的颜色改为红色。设置前景色为红色，具体参数如图4.3.82所示，单击"图层8"，用矩形工具框选印章，按快捷键Ctrl+Delete填充前景色，得到红色的印章，如图4.3.83示。完成后按快捷键Ctrl+D取消选区。

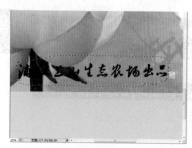

图4.3.81

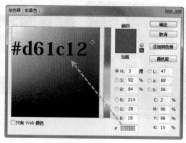
图4.3.82

图4.3.83

37.按Ctrl键不放，单击"图层8"小预览图，得到"图层8"的选区，选择工具栏的套索工具 按Alt键，框选印章减去印章区，如图4.3.84所示。

38.单击图层"图层8"，取消图层面板上方的锁定 按钮。执行【编辑】/【描边】命令，弹出对话框，参数设置如图4.3.85所示，完成设置后得到如图4.3.86所示的效果。

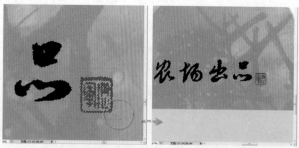
图4.3.84

图4.3.85

39.单击图层"图层9"，用同样的方法完成上方广告语和印章的颜色设置，效果如图4.3.87所示。

图4.3.86

图4.3.87

40.下面开始制作主页面上的其他文字。将前景色设置为红色，选择工具栏的椭圆形形状工具 按钮，按住Shift键制作正圆，自动生成"形状1"图层，如图4.3.88所示，效果如图4.3.89所示。

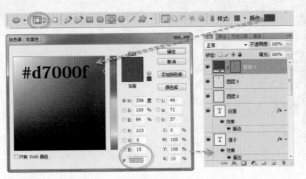 

图4.3.88　　　　　　　　　　　　图4.3.89

41.选择工具栏中的移动工具，将光标放在红色正圆上，按住快捷键Shift+Alt光标变成双三角形时，水平移动红色圆形，放开鼠标左键后自动生成"形状1副本"，重复同样的步骤，复制成三个红色圆，如图4.3.90所示。单击"形状1副本3"图层，按住Shift键，单击"形状1"图层，选中四个形状层，按快捷键Ctrl+E合并图层，得到"形状1副本3"，如图4.3.91所示。

 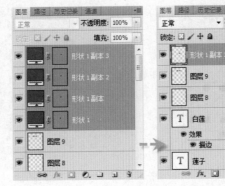

图4.3.90　　　　　　　　　　　　图4.3.91

42.单击工具栏中的文字工具，输入"浦江特产"自动生成"T浦江特产"文字层，调整文字字体、颜色和大小，参数设置和效果如图4.3.92所示。

43.将前景色设置为黑色，输入文字"颗粒大、易煮熟、香味浓"，调整文字字体大小，如图4.3.93所示。双击该文字层，出现"图层样式"对话框，设置"描边"选项，具体参数和效果如图4.3.94所示。

图4.3.92　　　　　　　　　　　　图4.3.93

44.至此，包装盒的正面图就制作完毕了，下面开始制作包装侧面的文字。单击工具栏的纵向文字输入工具 T，单击鼠标不放向右下角拖动拉出段落文字选框，输入文本文字，调整文字的大小、字体、颜色，放置在如图4.3.95所示的位置。

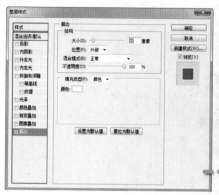

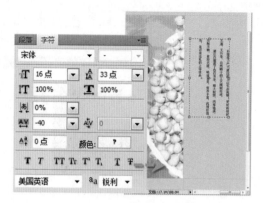

图4.3.94   图4.3.95

45.单击工具栏的铅笔工具，在它的属性栏中单击"画笔预设"选项▼，在出现的画笔样式列表右上方单击三角形，载入"方头"画笔，追加到画笔样式列表，选择直径为7的箭头画笔，参数设置如图4.3.96所示。新建图层"图层10"，将前景色设置为黑色，按住Shift键不放，用鼠标左键垂直向下拖曳，绘制如图4.3.97所示的细线。

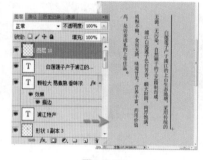

图4.3.96   图4.3.97   图4.3.98

46.单击工具栏中的矩形选框工具，选择图层"图层10"，绘制如图4.3.98所示的选框。显示图层"图层10"，隐藏其他所有图层，如图4.3.99所示。执行【编辑】/【定义图案】命令，在弹出的对话框中单击"确定"按钮。

47.新建"图层11"显示所有隐藏图层，并隐藏"图层10"，选择工具栏中的矩形工具，绘制如图4.3.100所示的选框。

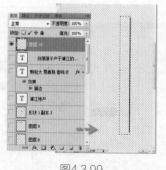
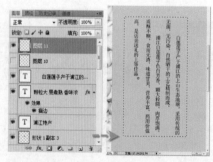

图4.3.99   图4.3.100

48.执行【编辑】/【填充】命令，在弹出的对话框中选择刚才自定义的图案，单击"确定"按钮，得

到如图4.3.101所示的细线排列效果。按快捷键Ctrl+D取消选区。选择工具栏中的移动工具，调整好排列
细线的位置，达到图4.3.102所示的效果。

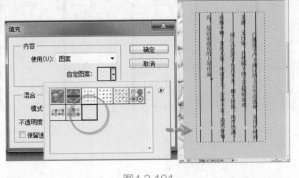

图4.3.101

图4.3.102

49.下面添加广告语。复制"图层9"为"图层9副本"，如图4.3.103所示，将广告语移到如图
4.3.104所示的位置。选择工具栏中的移动工具 按钮，拉出参考线。单击工具栏的矩形选框工具 ，框
选"来"字，如图4.3.105所示。

图4.3.103

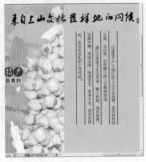

图4.3.104

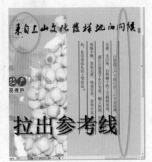

图4.3.105

50.选择工具栏中的移动工具 按钮，将"来"字移置如图4.3.106所示的位置，用同样方法将其他文
字排成竖形，如图4.3.107所示。按快捷键Ctrl+T自由变换调整好字距、位置大小，按Enter键取消自由
变换。效果如图4.3.108所示。

图4.3.106

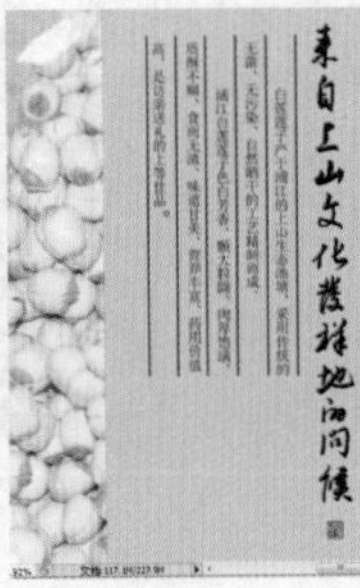

图4.3.107

图4.3.108

51.下面在首字"白"字上方创建装饰图形。选择工具栏中的矩形路径 按钮，单击工具栏中的路径
按钮，拖动鼠标左键拉出如图4.3.109所示的路径，选择工具栏的路径添加节点工具 添加节点，移动并
调整节点两端的手柄，得到如图4.3.110所示的图形。按快捷键Ctrl+Enter将路径转换为选区，如图
4.3.111所示。

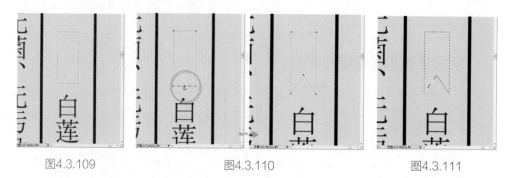

图4.3.109   图4.3.110   图4.3.111

52、新建"图层12"，将前景色设置为黑色，按快捷键Alt+Delete填充前景色，如图4.3.112所示。选择工具栏中的矩形选框，框选如图4.3.113所示的矩形，按Delete键删除选区内的颜色，按Ctrl+D取消选区得到如图4.3.114所示的图形。

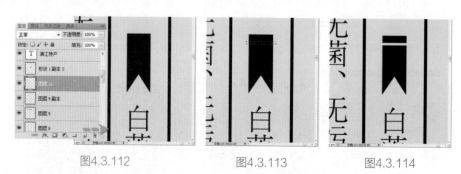

图4.3.112   图4.3.113   图4.3.114

53、最后，复制"图层12"为"图层12副本"，执行【编辑】/【变换路径】/垂直翻转，将得到的图形移到合适位置，如图4.3.115所示。

54、最后用同样的方法完成下面的细线与文字的输入，这样包装盒的展开图就制作完成了。如图4.3.116所示为最后的效果图。执行菜单【图层】/【拼合图层】命令，将所有图层合并,保存文件。

图4.3.115   图4.3.116

55、因为包装设计和平面设计不同，包装设计看的是全立体的感觉，包括给客户的提案都是要制作出包装盒的立体效果，这样就更加直观，所以后面需要制作出"莲子"包装的立体效果图。

56、新建文件，将文件命名为"莲子包装效果图.psd"，保存文件，参数设置如图4.3.117所示。将前景色设置为墨绿色，背景色设置为白色。选择工具栏中的渐变工具，在它的属性栏中选择线性渐变█按钮，设置完成后按住Shift键，使用鼠标由画面上方向下拉伸渐变线，得到如图4.3.118所示的效果。

图4.3.117

图4.3.118

57.新建"图层1",选择工具栏中的直线套索工具 ,绘出如图4.3.119所示的选框,制作平面效果,设置前景色为深黑色,具体参数如图4.3.119所示。按快捷键Alt+Delete填充颜色,按Ctrl+D取消选区,效果如图4.3.120所示。

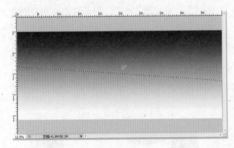
图4.3.119

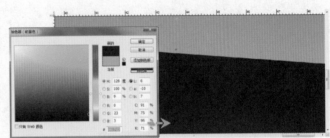
图4.3.120

58.打开名为"莲子外包装展开图"的jpg文件,选择工具栏中的矩形选框工具,框选包装盒正面图像,如图4.3.121所示,选择工具栏中的移动工具 ,将鼠标移动到选区,拖曳选区内的图像到"莲子包装效果图.psd"文件中,生成"图层2",效果如图4.3.122所示。

图4.3.121

图4.3.122

59.按快捷键Ctrl+T执行"自由变换"命令,出现变换框后调整图像大小如图4.3.123所示的效果,按Enter键应用变换。按Ctrl键不放,用鼠标左键单击"图层2"的小预览图,获取选区,隐藏"图层2",新建"图层3",如图4.3.124所示。

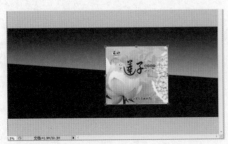
图4.3.123

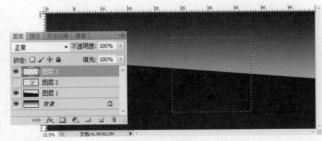
图4.3.124

60.选择工具栏中的渐变填充工具■按钮，设置前景色和背景色，参数如图4.3.125所示。按Shift键在选区内拉出从左到右的水平渐变线，按快捷键Ctrl+D取消选区。按快捷键Alt+Delete填充前景色，如图4.3.126所示。

图4.3.125   图4.3.126

61.按快捷键Ctrl+T执行"自由变换"命令，在变换选框内进行"透视"、"缩放"选项，调整好正面透视效果，按Enter键，应用变换，得到如图4.3.127所示的效果。

62.回到前面的"莲子外包装展开图"文件中，使用工具栏中的矩形工具，框选包装盒侧面的图像。如图4.3.128所示。选择移动工具，将选区中的图像拖到"莲子包装效果图"文件中，生成"图层4"，如图4.3.129所示，按快捷键Ctrl+T自由变形，按Shift键等比例缩放，调整到如图4.3.130所示的效果。

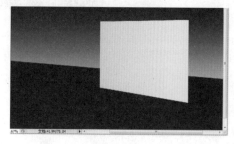  

图4.3.127   图4.3.128   图4.3.129

63.按住Ctrl键不放，用鼠标左键单击"图层4"小预览框，获取选区。新建"图层5"隐藏"图层4"，如图4.3.131所示。

 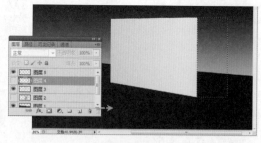

图4.3.130   图4.3.131

64.选择工具栏中的渐变填充工具■，参数如图4.3.132所示，按Shift键在选区内拉出从左到右的水平渐变线，按快捷键Ctrl+D取消选区。在选框中单击鼠标左键取消选区，如图4.3.133所示。

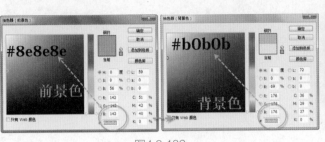

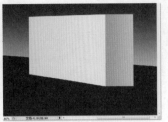

图4.3.132　　　　　　　　　　　　　　　　　图4.3.133

65.按快捷键Ctrl+T执行自由变换命令，出现变换框后，按住快捷键Shift+Ctrl+Alt不放，使用鼠标垂直向下拖动右上角的变换点，如图4.3.134所示，再用同样的方法按住快捷键Shift+Ctrl不放，使鼠标垂直向上拖动右上角的变换点。松开键盘，使用鼠标向左拖动右边中间的变换点，让侧面变得窄一些。按Enter键应用变换，得到如图4.3.135所示的透视效果。

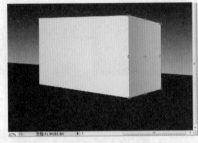

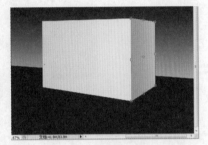

图4.3.134　　　　　　　　　　　　　　　　　图4.3.135

66.下面把"图层2"移到"图层3"的上方，单击图层"图层2"眼睛图标，显示该图层，将此图层命名为"正面"，如图4.3.136所示，按快捷键Ctrl+T执行"自由变换"命令，出现变换框后，对包装盒正面的图形进行变形，直到包装盒扩体效果与正面吻合，按Enter键应用变换，得到如图4.3.137所示。

图4.3.136　　　　　　　　　图4.3.137　　　　　　　　　图4.3.138

67.把"图层4"移到"图层5"的上方，单击图层"图层2"的眼睛图标，显示该图层，将此图层命名为"侧面"，如图4.3.138所示。用同样的方法对包装盒侧面的图形进行变形，直到与包装盒立体效果的侧面吻合，按Enter键应用变换，如图4.3.139所示。

68.选择图层"侧面"，在该图层的混合模式选项中选择"正片叠底"选项，如图4.3.140所示。这样包装盒的外观就制作完成了。

图4.3.139　　　　　　　　　　　　图4.3.140

69.单击图层"正面"，按快捷键Ctrl+J，复制图层为"正面副本"，单击图层"侧面"，按快捷键Ctrl+J复制图层为"侧面副本"，并将该图层"侧面副本"的混合模式改为正常模式。将两个图层都移到"图层3"下方，如图4.3.141所示。

70.下面开始制作倒影，选择"正面副本"的图像，移到包装盒下方，执行【编辑】/【变换】/【垂直翻转】命令，得到如图4.3.142所示的效果，按快捷键Ctrl+T，执行"自由变换"命令，变形图像如图4.3.143所示。将该图层的不透明度调整为20%，如图4.3.144所示，单击图层面板下方的蒙版按钮，选择渐变工具栏中的渐变工具按钮，选择由黑色到白色渐变，如图4.3.145所示，按住Shift键使用鼠标从画面下方向中心垂直拉伸渐变线，得到如图4.3.146所示的效果，这样包装盒正面的倒影就做完了。

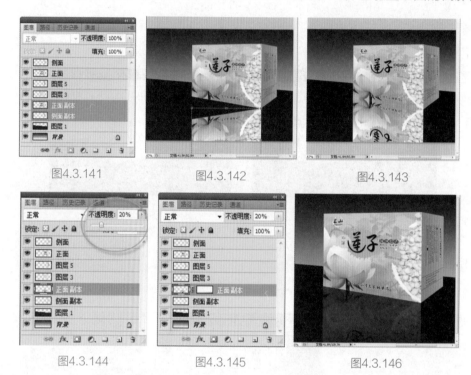

图4.3.141　　　　图4.3.142　　　　图4.3.143

图4.3.144　　　　图4.3.145　　　　图4.3.146

71.用同样的操作完成侧面倒影的制作，如图4.3.147所示。

72.单击"侧面"图层，单击图层面板的填充与调节层按钮，选择"亮度/对比度"选项，在弹出的对话框中设置参数，如图4.3.148所示。按住Alt键把鼠标放在调节层与侧层中间，当光标变成2个圆的图标时单击，如图4.3.149所示，调节层就嵌入代表形状的"侧面层"，它只会影响到"侧面层"，不会影响到其他层。

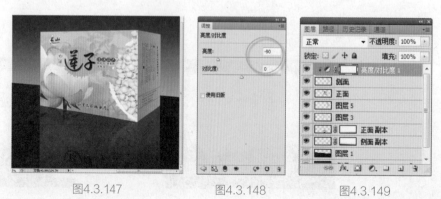

图4.3.147　　　　图4.3.148　　　　图4.3.149

73.用同样的方法，在正面层的上方创建调节层，参数设置如图4.3.150所示。

74.单击调节层"亮度/对比度1"，按图层面板下方的创建新组按钮，如图4.3.151所示。

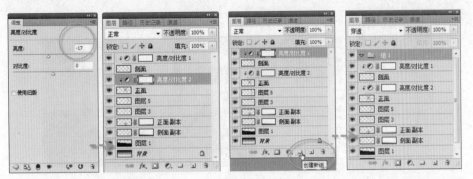

图4.3.150　　　　　　　　　　　　　图4.3.151

75.按Shift键并单击图层"亮度/对比度1"和图层"侧面副本"，按住鼠标拖动选中的图层移到"图层组1"，将此"图层组1"命名为"外包装盒1"。如图4.3.152所示。单击该图层组前面的三角形按钮，可以将组里的所有图层隐藏，如图4.3.153所示。至此，包装盒的效果完成了，如图4.3.154所示。

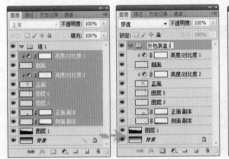 

图4.3.152　　　　　　　　图4.3.153　　　　　　　　图4.3.154

小提示 Tips

图层组是多个图层的组合，所以我们并不能直接对其进行编辑，只能对其中的图层进行编辑，图层组也没有自己的混合属性，所说的混合属性是针对其中的图层而言的。在【图层】面板中创建图层组，然后将要放置到图层组中的图层依次拖入即可。

76.下面开始制作第二个立体外包装盒。单击图层面板上的眼睛图标，隐藏"图层1"和"背景"层，按快捷键Shift+Ctrl+Alt+E，盖印包装盒，得到"图层6"，形成第二个立体外包装盒。如图4.3.155所示。再单击眼睛图标显示所有的隐藏图层，将盖印层"图层6"移至图层组"外包装盒1"的下方，将该外包装盒移到左边，缩放大小到如图4.3.156所示的效果。

 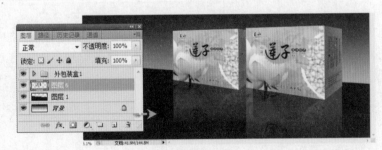

图4.3.155　　　　　　　　　　　　图4.3.156

77.将包装盒单击图层面板下方的调节层按钮 🖉 ，在弹出的下拉菜单中选择"曲线"选项，设置参数如图4.3.157所示。再按住Alt键在"曲线"与"图层6"图层之间单击，当光标变成两个圈时单击，将该调节层嵌入"图层6"中，第二个包装盒效果就完成了，如图4.3.158所示。

图4.3.157

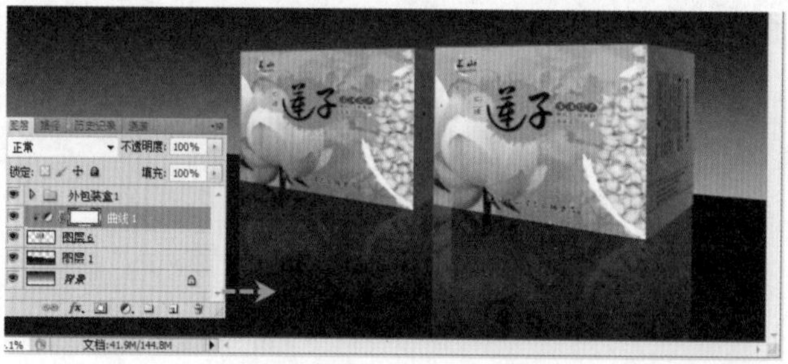

图4.3.158

78.用同样的方法制作第三个包装盒，效果如图4.3.159所示，这样外包装盒的效果就制作完成了。

79.接下来开始制作内包装盒的立体效果。莲子内包装盒展开图的制作方法与莲子外包装盒展开图的制作方法基本相同，根据内包装的尺寸来设计，版面内容、文字设计基本一致，改灰绿色为米黄色为主色调，完成效果如图4.3.160所示。

80.用前面制作外包装盒同样的方法，灵活运用快捷键Ctrl+T来完成三个内包装的立体效果，如图4.3.161所示。

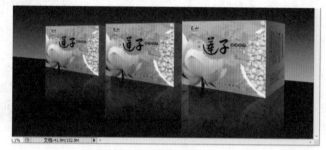

图4.3.159

图4.3.160

81.下面开始制作内包装盒阴影。选择工具栏的直线套索工具 🖉 ，绘出如图4.3.162所示的选区。执行【选择】/【修改】/【羽化】命令，弹出羽化对话框，羽化数值设置为6，单击"确定"按钮，选区就被羽化了。

图4.3.161

图4.3.162

82.将前景色设置为黑色，选择工具中的画笔工具 🖉 ，在它的控制栏中设置笔的大小及模式，调整为透明30%，如图4.3.163所示。设置好画笔工具后，在选区中进行绘制，选择工具栏中的加深工具 🖉 ，对靠近包装盒的阴影部分进行加深处理，得到如图4.3.164所示的非常真实的阴影效果。

83.重复步骤80、81中的操作，用相同的方法完成其他两个包装盒的仿真阴影，如图4.3.165和图4.3.166所示。

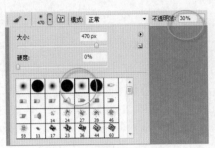
图4.3.163

图4.3.164

图4.3.165

84.这样莲子包装盒内、外立体盒的效果图制作就都完成了，如图4.3.167所示。

图4.3.166

图4.3.167

4.3.3 操作习题

练习一：参照本案例所学的制作立面、阴影和倒影的方法，打开所附光盘中练习五文件中提供的图片素材，完成浦江上山生态农场土特产礼盒包装制作。参考效果如图4.3.168所示。

图4.3.168

练习二：邀请卡的仿真效果图制作。

打开所附光盘中练习六文件中提供的图片素材，制作邀请卡的仿真效果图，即将邀请卡按照需求合理的布局摆放，完成不同摆放效果的效果图两幅，以参考线决定折页数。要求统筹大局，对每个面都进行细致认真的制作，能让客户全方面看到设计的每个面。底色配色格调统一、大方，要求用Photoshop软件独立完成。尺寸：21cm×29cm（横、竖构图不限），分辨率：150dpi，模式：CMYK，保存格式：psd，要求附有图层。

图4.3.169

4.4 学习拓展

4.4.1 创意延伸——经验总结

通过本章的学习，相信大家已经对包装广告设计有了一定的认识，一个好的包装作品必须遵循以下几个要点。

- 做好前期资料收集与定位分析。
- 制定包装设计计划书。
- 制定《创意说明》。
- 高水平、大手笔地打造品牌。

另外，在设计过程中，重点在于图形、色彩、文字及版面编排这4个主要环节，下面就针对这4个设计环节的技巧进行总结。

- 图形：画面图形编排要主次分明，辅助图形要简化处理。
- 色彩：基本色调要明确，色彩务求简明、艳丽，并贴近产品的颜色，根据各种色彩特有的心理情感因素来制定配色方案。
- 文字：标题文字的字体、大小与位置必须放置在画面的醒目位置。有关产品信息的段落文字，要控制好其字间与行距，方便购买者阅读。当要编辑多个简短的条目信息时，可以使用小表格或者以添加项目符号的形式罗列。
- 版面：注意整体构图的视觉冲击力，版面设计要新颖，并与包装物理学紧密关联，使图形、色块文字合理编排。

下面针对本例操作中几个常用的功能与要点进行总结。

- 参考线的使用：由于包装设计具有严格的尺寸要求，所以必须将视图的显示比例放大至最佳的标尺显示状态，从而准确定位参考线，而且必须确认【视图】菜单中【对齐到】子菜单中【参考线】命令前面已经打勾，这样才能使绘制或者移动的对象紧贴参考线，从而起到辅助设计的作用。如果要删除参考线，只要按住Ctrl键切换至【移动工具】状态，再将要删除的对象拖至标尺上即可。
- 复制对象：在加入或者绘制包装盒侧面的花纹时，一般是通过现有的对象进行复制并组合花纹图案，在非选中【移动工具】的状态下，我们可以按住快捷键Alt+Ctrl+Shift拖动图层，以便沿水平、垂直的方向复制并移动图层副本。其中按Ctrl键是快速切换至【移动工具】，按Shift键是限制水平或者垂直的方向移动，而按Alt键则是切换至复制状态。由于复制出来的图层副本之间的间距不一定相等，所以可以通过【垂直居中对齐】按钮与【水平居中分布】按钮对选中的多个图层进行等距分布处理。
- 盖印图层：盖印图层的目的是为了保留原图层，作为备份图层，以便作品后续的编辑之用，在盖印某个局部对象时，必须先将盖印目标以外的对象隐藏，待创建盖印层后再将其重新显示，而盖印过的原图层可以隐藏，以作备用。也可以创建出图层组并命名，用于放置盖印过的原始图层，这样有利于图层的管理操作。当然，一些已经确认没有利用价值的图层可以合并或者删除。
- 使用【自由变换】命令同时旋转、复制对象：如果某个作品要使用到多个相同的元素，只需先绘制一个局部，然后复制出一个副本，再执行【自由变换】命令定位好中心参考点（X、Y坐标）、旋转的角度等条件属性，接着按快捷键Alt+Ctrl+Shift+T即可根据之前副本的变换条件进行复制并变换。

4.4.2 优秀包装效果案例制作赏析

下面介绍几种典型的包装设计作品，以便大家在设计时借鉴与参考。

1 饮料类包装

以下是由美国设计师Wallace Church为Steaz茶饮料品牌设计的全新系列包装。新的标识设计采用茶叶重叠的视觉效果勾勒出一朵莲花图案。寓意着该品牌充满活力、精力和热情的本质，如图4.4.1所示。

图4.4.1

2 食品类礼盒包装

图4.4.2所示是由重墨堂品牌设计机构设计的西湖藕粉包装。该包装提炼出荷叶的外形应用于保障结构造型设计中，以荷叶的筋络花纹为底，以黑、绿、黄色组合为基调，体现出杭州西湖荷印象的一组系列包装设计。

图4.4.3是由重墨堂品牌设计机构设计的苦荞产品包装。通过对该品牌的分析与挖掘，重墨堂打造出"经营键康，畅享生活"的核心理念，高度浓缩了荞宝企业的主张，通过挖掘品牌特有的优势，为荞宝苦荞产业创造了一个可以读取的品牌形象，实现视觉认同。根据制定的品牌印象，提炼出多个核心元素：形似苦荞叶的LOGO、李时珍插画、具象苦荞插画等，既解决了苦

图4.4.2

荞产品的认知问题，又体现出"养生之道，东方韵味，清新亲和"的综合视觉印象。通过一系列设计将品牌元素和品牌体系结构进行结合，使品牌核心元素不断延伸，实现以品牌设计策略体系打造品牌印象。凭着卓越的文化挖掘和品牌创意，使荞宝的品牌设计成为最具影响力的行业品牌至高点。

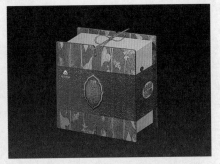

图4.4.3

第 5 章
网页界面设计

网页界面设计

项目说明：

　　网页设计不仅要突出一个企业或一个机构自身的特点，更要体现不同行业自身的风格特点。

　　本章节通过1个典型的实例、6个网页图标的技能拓展和1个拓展项目，对网站设计形式进行了深入的讲解。把多个知识点总结为技巧提示，穿插在制作过程中，使读者在练习中学会网页界面的制作。

学习重点：

　　● 设计网页前，先对需要设计对象的公司情况、经营思路、发展前景和企业的主色调有充分的了解。

　　● 了解该行业其他公司网页的设计形式和设计风格，认真研究这些网站的组织架构和内容安排。

　　● 收集相应素材，学习网页按钮的技能操作。

5.1 网页设计的基础知识

学前导读

Web网站实际是一种信息体系。网站总是通过导航系统链接网站各个页面，它要求网站内容具有先导性，可以引导用户自行找到所需信息。导航系统应该清晰，能够反映网站包含的主要信息、特点及目标。主页是Web站点中的特殊页面，也称首页，是进入一个网站的门户。主页中一般包含向站点中其他相关页面或其他网站的超链接。网站的界面设计就是网页画面设计。网页的界面基本由网页的浏览器（工具栏、地址栏、状态栏、菜单栏）、导航要素（主菜单、子菜单、搜索栏等）及各种网页内容（标志、图像、文本）构成。其中网站标志能起到最直接表明网站身份的作用。

5.1.1 网页设计要素

网页设计中涉及的视觉元素主要包括网站标志、文字、图形和图像、色彩等。各视觉元素及其组合构成方式，是网页设计准确传达信息以及符合视觉审美规律的基本要求。

网页设计中需要数量不等、形状各异的点来装饰画面。点的形状、方向、大小、位置、聚散、发散，能够给人带来不同的量感。网页形态线中的视觉构成设计中，利用线对页面空间进行分割可以产生各种特征的面。网页形态中面的视觉构成是常用的构成元素，点和线的密集扩张轨迹都可构成面。面的大小、形态、变化关系到页面的整体布局。在网页设计中，表格和框架是用来分割页面的，采用面的分割、组合、虚实交替等方式可以使网页主题明确、层次分明，产生井然有序的和谐效果。点、线、面是构成视觉空间的基本元素，是表现视觉形象的基本形式语言。一个按钮或文字是一个点，几个按钮或者几个文字的排列则形成线。线的移动、数行文字或者一块空白可以理解为面。点、线、面相互依存、相互作用，便可组合成各种各样的视觉形象以及千变万化的视觉空间。

以英文字母为点形成一个大的圆点，点作大小不同的变化，构图独特，构成网站的导航系统

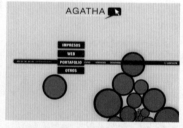

点以大小不同的形态进行滚动变化，形式自由，构成网站的导航系统

这一网站运用线条勾勒出不同的形态，活跃的线条与图片的结合贯穿始终，与主题内容配合的恰到好处。每页的各种元素相互呼应，统一协调又不缺乏趣味，给整个网站增添了活力和感情色彩。

这一网站采用拥有不同色彩的水平面和斜面进行布局，每个斜面都代表不同的栏目内容，构成导航系统

图5.1.1

5.1.2 网页设计的原则

创意性

对于网页界面设计来说，创意性与独创性是网页设计师必须考虑的内容。如制作公司网站时，不仅要兼顾用户使用的方便，同时也要把这个公司要引人注意的内容展现出来，给人留下深刻的印象。设计师更需要关心那些和其他网站有着明显区别、使人印象深刻的、有创意的页面构造。

便利性

调查显示，网站登入速度、导航要素的不便，功能使用的繁琐十分影响阅览者的兴趣，这些都是没有以用户为中心考虑网页设计的结果。若过分强调页面的美观而把文字设计得很小或与背景色很接近，都会为用户的阅读带来不便。

一贯性

在设计网页时考虑好一贯性会对提高使用便利性有很大的帮助。例如，基本的菜单应该安排在各个页面的固定位置上，表示各种功能的图像或语言的意义要清楚，如果网站整体设计保持一贯性，那么网站用户即使经验很少也能很容易地使用该网站的功能或利用该网站的信息。

为了使网页界面体现一贯性，首先应该确立标准。例如，进入一个网站的页面，在某个页面中主菜单出现在上半部，而在另一个页面中主菜单又出现在下半部，或者有时出现在左侧，有时又出现在右侧，这会使用户感到混乱。

在主页上，如果主菜单在上半部，子菜单在左侧，那么在网站中的其他页面上也要保持一致，这就是站在用户的角度设计。在设计网页时多考虑页面的一贯性可以提高浏览者使用时的便利程度。

5.1.3 网页设计风格

网页设计风格定位

目前，网站的应用范围日益扩大，几乎涉及所有的行业，归纳起来大体可分为新闻机构、政府机关、科教文化、娱乐艺术、电子商务、网络数码、医疗保键等，不同行业的网页应体现出不同的风格。例如政府机关的网页风格一般比较严谨庄重，而娱乐行业则活泼生动，文化教育类的风格高雅大方等。网页风格的形成主要依赖于网页的版式设计和页面的色调处理，以及图片与文字的组合形式等。因此，网页设计需要制作者有一定的美术素质和艺术修养。

网页版式设计

网页的版式设计，是指在有限的显示器屏幕空间上将视听多媒体元素进行有机的排列组合，为使网页达到最佳的视觉效果，设计师需要反复推敲网页版面的合理性，使浏览者有一个流畅的视觉体验。网页的版式设计通常包括视觉元素及其组织形式、页面间的转场以及网站的导航形式等。"视觉元素的组织"包括元素的大小和数量、表格的布局、散点组合与块状组合、主题形象的体现、留白效果的表现、图与文的关系、曲线与直线的组织、水平线与垂直线以及斜线的比较等。根据不同的组织形式，可以将网页的版式大

致划分为以下几种类型：骨骼型、满版型、分割型、中轴型、倾斜型、对称型、焦点型、三角型、自由型。

图5.1.2

5.1.4 网页色彩设计

在设计网页之前，客户或产品经理会提出对网页视觉风格设计的期望，包括活跃、大气、稳重、信赖、都市化等设计师一听到关键词或许心里就已经很自然地蹦出了几个与"关键词"相匹配的配色了。网页的色彩，影响着访问者登录页面时的第一印象，好的页面色彩能给用户留下深刻的印象，其表现力直接影响到形式的统一与美观。很多成功的色彩搭配令人过目不忘，并且能产生很好的视觉效果，起到营造网站整体氛围的作用。

网页主色调设计。色彩给浏览者带来的视觉冲击力常大于版式设计等因素，在一般情况下，彩色页面较完全黑白页面更加吸引人。彩色的记忆效果是黑白的3.5倍。在色彩的运用上，可以根据主页内容的需要和自己的喜好，分别采用不同的主色调。因为色彩具有象征性，例如嫩绿色、翠绿色、金黄色、灰褐色就可以分别象征春、夏、秋、冬。其次还有职业的标志色，如军警的橄榄绿，医疗卫生的白色等。另外，色彩还有民族性，充分运用色彩的这些心理特性，网站最后的视觉设计输出效果或许会与客户期望值更为贴近。主色调通常使用一种或两种颜色，再配以辅助色。

网页背景与文字的搭配。一般网站侧重的是文字，所以背景可以选择明度较低的颜色，而文字选择较突出的亮色，使其清晰可见。如果在某部分用大面积的明亮色块，则文字应选用暗色系列，与背景分开层次。

标志是网站的重要组成部分。标志的色彩与网页的主题色层次要拉开。为突出标志可适当使用对比色。如黑与白、红与绿、黄与紫、橙与蓝。

导航、小标题配色。浏览者要在网页结构间跳转，必须通过导航或小标题来实现，可以使用稍具跳跃性的颜色来加以强调，吸引视线，让人感觉网站功能清晰明了，层次分明。

5.1.5 网页设计的品质表现

网页的细节设计可以体现出一个网站的品质，每一个网站都有自己的独特之处。我们从网站的导航方式及Loading画面的设计可以发现网页设计制作中的细节表现。导航是一个网站的路标，优秀的导航是网站设计成功的重要一步。导航必须是友好的，而且要与网站设计风格保持一致，这样才能为用户提供简便的导航。

5.1.6 优秀网页导航制作赏析

网站的设计常常从导航入手，甚至可以说导航的设计决定了整个网站的风格。网站导航已经不满足于常见的平面化设计，越来越多的网站喜欢用立体感强的三维导航。折纸是最常用的表现形式。把菜单设计成讲话的气泡形状，似乎是另一种流行的趋势。圆角导航设计中圆角经常用来软化规整的矩形，其按钮的外观是为了吸引用户点击它们。精致的图标被越来越多地应用到导航设计中，因为现在带宽不再令人担心了。由于视觉上的吸引力，人们正越来越多地使用图标，这种趋势仍在继续。图标不仅能吸引眼球，还有助于用户进行视觉识别。而JavaScript 技术使 Web设计人员只用几行代码的网页元素即可容易创建动画，设计师们最近一直在使用功能多用又美观的JavaScript来设计导航。目前不规则形状的导航设计也越来越多，由于大多数网站都用的是直边和尖角，不规则的形状让你有机会摆脱俗套。如图5、1.3所示。

http://sarahlongnecker.com/work/

http://www.gpacheco.fr/

http://www.sarahhyland.com/

http://www.viget.com/extend/

http://www.delibarapp.com /

http://www.sourcebits.com/

http://mesonprojekt.com/portfolio/

http://dragoninteractive.com/services/identity/

http://www.parasol-island.com/

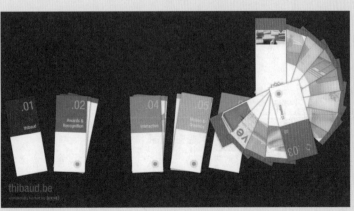
http:www.thibaud.be/

http://www.kutztown.edu/acad/commdes/

图5.1.3

5.2 网页设计元素应用基础

5.2.1 界面各种按钮效果制作

目前在网页中普遍出现的按钮可以分为两
类：一类是有提交功能的按钮，即真正意义上的
按钮；另一类是仅仅表示链接的按钮，在这里将
其称为"伪按钮"。按钮的表现形式可以大致总
结为两种：系统标准按钮和使用图片自制的按
钮。多数网页设计师以及公司领导还是更关注本
能水平上的设计——好看的设计。设计师为了突
出其中的某些特别重要的链接，将其设计成了类
似按钮的样子，使得这些链接更为突出，引导用
户点击。这也从侧面说明了在网页上按钮是很醒
目的元素。

下面我们通过图层样式来进行网页按钮、图
标元素的制作。图层的相关内容我们在前面有所

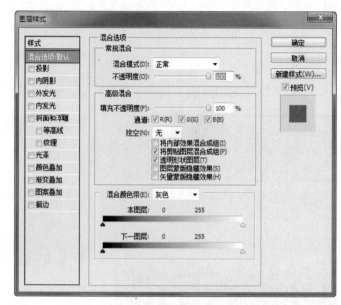

图5.2.1

提到，本章对图层样式做一个详细的讲解。使用【图层样式】可以制作出各种特效，包括投影、阴影、发
光、斜面和浮雕以及描边等。也可以通过【图层样式】面板可以查看和进一步编辑各种预设的样式效果。

执行菜单栏中的【图层】/【图层样式】/【混合选项】命令，或【图层】面板中直接双击要添加样式
的图层，也可以单击【图层】面板底部的 *fx* 按钮，在弹出的下拉列表中任意选择一个选项，所示的【图层
样式】对话框，在这个对话框中，我们可以为该图层添加不同的特殊效果。

- 【混合模式】选项：此选项决定当前层的图像与其下面层图像之间的混合形式。
- 【不透明度】选项：通过设定其数值来调节图层混合时图像的不透明度。
- 【填充不透明度】选项：它与【不透明度】选项相似，也是用于设置图层不透明度的选项。只是
  【填充不透明度】是对当前图层起作用；而【不透明度】选项是在图层混合时起作用。
- 【挖空】选项：此选项用来设定穿透某图层看到其他图层的内容。当【填充不透明度】的数值为0
  时，表示全透明。
- 【将内部效果混合成组】选项：对任意一个图层执行了若干的图层特效后，有的图层特效所加的效
  果在图层原来的像素范围内，有的又在原来的像素范围之外，此命令可以用来控制这些图层效果。
  即当勾选此选项，且图层执行了内阴影、光泽、颜色叠加、渐变叠加或图案叠加样式（不包括内放
  光）时，如果设定了挖空选项，将看不到这些效果。
- 【将剪切图层混合成组】选项：勾选此选项，挖空效果将对编组图层有效，如果不勾选将只对当前
  层有效。
- 【透明区域形状图层】选项：当执行图层样式的图层有透明区域时，勾选此选项，透明区域相当于
  蒙版，生成的效果如果延伸到透明区域，将被遮盖。
- 【图层蒙版隐藏效果】选项：当执行图层样式的图层有图层蒙版时，勾选此选项，生成的效果如果
  延伸到蒙版中，将被遮盖。

- 【矢量蒙版隐藏效果】选项：当执行图层样式的图层有矢量蒙版时，勾选此选项，生成的效果如果延伸到图层蒙版中，将被遮盖。
- 【混合范围】选项：设置图像中单一通道的混合范围。
- 【本图层】和【下一图层】选项：本图层表示当前选中的图层，下一图层表示所选图层下面的图层。

【图层样式】对话框的左侧区域是样式选项区，右侧为参数设置区，当在左侧选项区中选择不同的选项，其右侧的参数也各不相同，可以方便地创建出阴影、发光、凸凹等效果。

- 【投影】选项：可以给当前图层中的图像添加阴影效果。
- 【内阴影】选项：可以使当前图层中的图像向内产生阴影效果，在其右侧的参数设置区中可以设置【内阴影】的不透明度、角度、阴影的距离和大小等参数。具体参数与【投影】选项的相同。
- 【外发光】选项：可以使当前图层中的图像边缘的外部产生发光效果。
- 【内发光】选项：可以在图像边缘的内部产生发光效果。
- 【斜面和浮雕】选项：可以使当前图层中的图像产生不同样式的浮雕效果。
- 【颜色叠加】选项：可以在当前图层的上方覆盖一种选定的颜色，然后对颜色设置不同的混合模式和不透明度，使当前图层中的图像产生类似于纯色填充层所产生的特殊效果。
- 【渐变叠加】选项：可以在当前层的上方覆盖一种渐变色，使其产生类似于渐变填充层的效果。
- 【图案叠加】选项：可以在当前层的上方应用图案，然后对图案的【混合模式】和【不透明度】进行调整、设置，使之产生类似于图案填充层的效果。
- 【描边】选项：在当前图层图像的边缘部分添加描边效果，描绘的边缘可以是一种颜色、一种渐变色，也可以是一种图案。

1 制作沉稳质感按钮

1.执行【文件】/【新建】命令或快捷键Ctrl+N，打开【新建】对话框，创建一个新文件，输入名称为"沉稳质感按钮"，参数设置如图5.2.2所示。将前景色设置为深灰色，输入数值#363636，按快捷键Alt+Delete填充前景色，参数设置和填充后得到图5.2.3所示的图像效果。

图5.2.2

图5.2.3

2.复制图层"背景"得到新图层"背景副本"，将它重命名为"纹理"。执行菜单【滤镜】/【杂色】/【添加杂色】命令，设置参数和效果如图5.2.4所示。将图层"纹理"的混合模式设置为"柔光"，然后将其"不透明度"设置为15%，效果如图5.2.5所示。

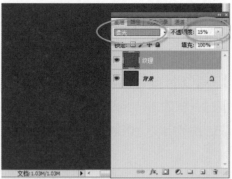

图5.2.4 图5.2.5

　　3.复制图层"纹理"得到新图层"纹理副本"，将其"不透明度"设置为20%。单击【图层】面板底部的 *fx* 按钮，在弹出的下拉列表中选择"渐变叠加"选项，如图5.2.6所示。

　　4.在弹出的"图层样式"对话框中设置具体参数，如图5.2.7所示。得到效果如图5.2.8所示。

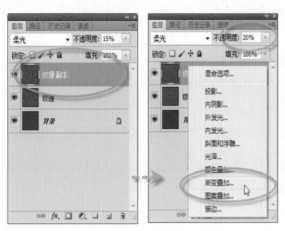

图5.2.6 图5.2.7

　　5.新建图层"图层1"，选择椭圆选框工具 按钮，按Shift键绘制正圆选区，按快捷键Alt+Delete填充前景色深灰色，如图5.2.9所示。选择"图层1"，单击【图层】面板底部的 *fx* 按钮，在弹出的下拉列表中选择"斜面与浮雕"选项，参数设置如图5.2.10所示。将该图层的填充设置为0，效果如图5.2.11所示。

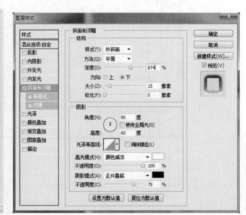

图5.2.8 图5.2.9 图5.2.10

6.按住Ctrl键单击"图层1"的略缩图以得到其选区，新建图层"图层2"，按快捷键Alt+Delete填充前景色深灰色，如图5.2.12所示。

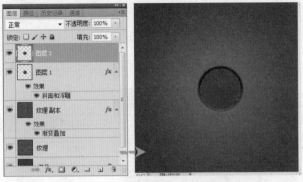

图5.2.11   图5.2.12

7.选择"图层2"，单击【图层】面板底部的 *fx.* 按钮，在弹出的下拉列表中选择"投影"选项，参数设置如图5.2.13所示。设置完毕后不关闭对话框，在"图层样式"对话框中继续勾选"内阴影"复选框，具体参数如图5.2.14所示。

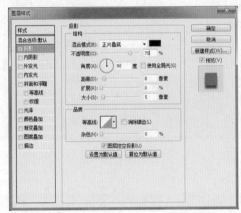
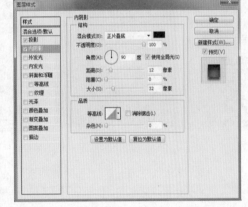

图5.2.13   图5.2.14

8、设置完毕后不关闭对话框，在"图层样式"对话框中继续勾选"斜面与浮雕"复选框，具体参数如图5.2.15所示。

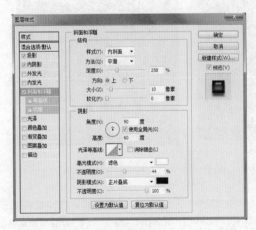
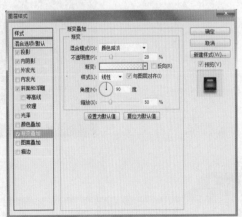

图5.2.15   图5.2.16

9.设置完毕后不关闭对话框，在"图层样式"对话框中继续勾选"渐变叠加"复选框，具体参数如图5.2.16所示。最终得到立体效果如图5.2.17所示。

10.将前景色设置为白色，选择自定义形状工具 按钮，单击属性栏中的形状图层 按钮，在工具栏选项中选择"箭头9"图形，参数如图5.2.18所示按住Shift键使用自定义形状工具绘制大小合适的箭头形状工具，得到图5.2.19所示的图形。

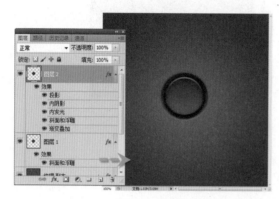

图5.2.17

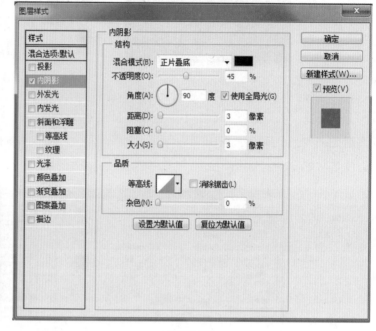

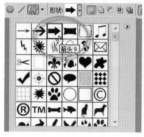

图5.2.18　　　　图5.2.19　　　　　　　　　　图5.2.20

11.选择图层"形状1"，单击【图层】面板底部的 按钮，在弹出的下拉列表中选择"内投影"选项，参数设置如图5.2.20所示。得到按钮图像效果如图5.2.21所示。

12.大家也可以尝试这用这方法制作一个手机的数字键盘按钮，制作效果如图5.2.22所示。

图5.2.21　　　　　　　　　　图5.2.22

小提示 Tips

图层样式的保存：如果希望将当前样式面板中的全部样式一次性保存下来，可以单击样式面板右边的小三角，在弹出的菜单中执行存储样式命令。

2 建立青苹果风格的图标

1.执行【文件】/【新建】命令或按快捷键Ctrl+N，打开【新建】对话框，创建一个新文件，输入名称为"青苹果按钮"，参数设置如图5.2.23所示。复制图层"背景"得到新图层"背景副本"，如图5.2.24所示。

图5.2.23

图5.2.24

2.选择"背景副本，单击【图层】面板底部的 *fx.* 按钮，在弹出的下拉列表中选择"渐变叠加"选项，参数设置如图5.2.25所示。填充后得到图5.2.26所示的图像效果。

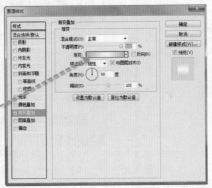

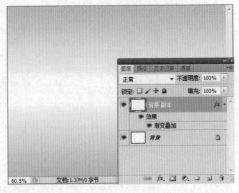

图5.2.25

图5.2.26

3.选择工具栏中的钢笔工具 按钮，单击其属性栏中的路径 按钮，激活其属性栏中的从路径区域减去 按钮，绘制图5.2.27所示的图形。选择椭圆工具 按钮，在图5.2.28中所示的位置绘制正圆，按快捷键Ctrl+Enter，得到一个被挖去圆角的苹果选区，如图5.2.29所示。

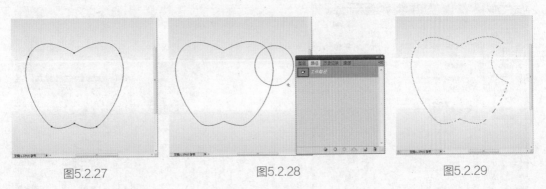

图5.2.27

图5.2.28

图5.2.29

4.新建图层"图层1"，将前景色设置为白色，按快捷键Alt+Delete填充前景色。选择"图层1"，单击【图层】面板底部的 *fx.* 按钮，在弹出的下拉列表中选择"内阴影"选项，参数设置如图5.2.30所示。设置完毕后不关闭对话框，在"图层样式"对话框中继续勾选"内发光"复选框，具体参数如图5.2.31所示。

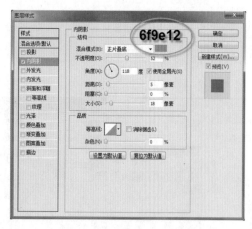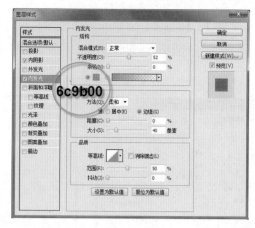

图5.2.30　　　　　　　　　　　　　　　图5.2.31

5.设置完毕后不关闭对话框，在"图层样式"对话框中继续勾选"渐变叠加"复选框，具体参数设置如图5.2.32所示。

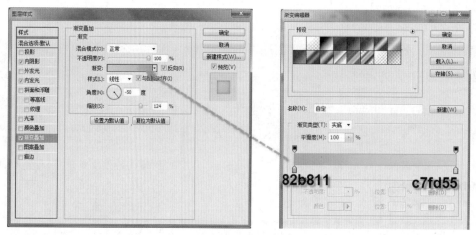

图5.2.32

6.设置完毕后不关闭对话框，在"图层样式"对话框中继续勾选"描边"复选框，具体参数如图5.2.33所示。得到的按钮图像效果如图5.2.34所示。

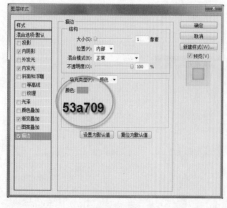

图5.2.33　　　　　　　　　　　　　　　图5.2.34

7.用钢笔工具重复前面的步骤，绘制如图5.2.35所示的图形。按快捷键Ctrl+Enter，得到叶片选区，新建图层"图层2"，将前景色设置为白色，按快捷键Alt+Delete填充前景色,按快捷键Ctrl+D取消选区。如图5.2.36所示。选择图层"图层1"，按鼠标右键弹出下拉菜单，在其中选择"拷贝图层样式"。如图5.2.37所示。

图5.2.35　　　　　　　图5.2.36　　　　　　　图5.2.37

8.选择图层"图层2"，按鼠标右键，在弹出的下拉菜单中选择"粘帖图层样式"。如图5.2.38所示。得到的效果如图5.2.39所示。

小提示 Tips

图层样式的复制：在同一个图像文件中，为了将一个图层的样式应用于另一个图层，可以单击图层面板中标有"f"符号旁边的小三角，展开所应用的所有图层效果，右击图层效果后，从弹出的菜单中执行"拷贝图层样式"命令，然后选择目标图层，并从对应图层的弹出菜单中选择"粘贴图层样式"命令。如果需要一次改变多个图层的样式，可以先将这些需要添加样式的图层链接起来，接着选择被拷贝图层样式的图层，再右击，并从弹出的菜单中选择"拷贝图层样式"，然后右击链接图层中任选一个图层，并从弹出的菜单中选择"将图层样式粘贴到链接图层"，这样，所有链接图层就都应用了相同的样式。
图层样式的停用：如果要取消图层的某项图层效果，可以在图层面板中单击对应图层效果前面的"眼睛"按钮。
图层样式的清除：如果要清除图层效果，可在图层面板中右击目标图层后，选择"清除图层样式"命令

9.下面制作按钮的光泽感。用钢笔工具 ，单击属性栏中的形状图层 按钮绘制图5.2.40所示的图形。自动创建形状图层"形状1"。

图5.2.38　　　　　　　图5.2.39　　　　　　　图5.2.40

10.将形状图层"形状1"的填充设置为"0"，如图5.2.41所示。选择图层"形状1"，单击【图层】面板底部的 fx. 按钮，在弹出的下拉列表中选择"渐变叠加"选项，参数设置如图5.2.42所示。按快捷键Ctrl+H隐藏路径，得到的效果如图5.2.43所示。

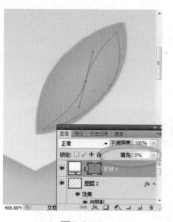
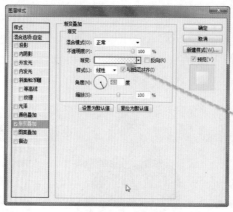

图5.2.41   图5.2.42

11.重复步骤9，绘制图5.2.44所示的图形，自动创建形状图层"形状2"，如图5.2.45所示。

图5.2.43   图5.2.44   图5.2.45

12、在"形状2"图层上用鼠标左键双击，自动弹出"图层样式"对话框，调整"渐变叠加"选项，参数设置如图5.2.46所示。按快捷键Ctrl+H隐藏路径，得到的效果如图5.2.47所示。

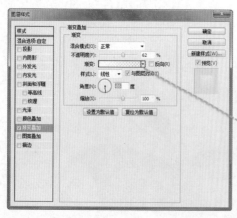

图5.2.46   图5.2.47

13.重复步骤9，将钢笔工具属性栏中的样式设置为默认样式 样式 ，如图5.2.48所示。然后绘制图5.2.49所示的水迹图形，自动创建形状图层"形状3"，如图5.2.50所示。按快捷键Ctrl+H隐藏路径。

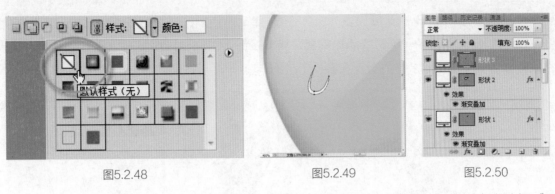

图5.2.48　　　　　　　　图5.2.49　　　　　　　　图5.2.50

14.选择形状图层"形状3"，单击【图层】面板底部的 *fx.* 按钮，在弹出的下拉列表中选择"阴影"选项，参数设置和效果如图5.2.51所示。

15.重复步骤9，将钢笔工具属性栏中的样式设置为默认样式样式 □ ，然后绘制如图5.2.52所示的水滴高光图形，自动创建形状图层"形状4"、"形状5"，按快捷键Ctrl+H隐藏路径。得到的效果如图5.2.53所示。

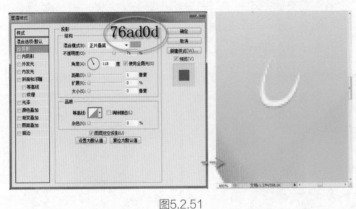

图5.2.51　　　　　　　　　　　　　　　图5.2.52

16.新建图层"图层3"，选择工具栏中的画笔工具 ✐ 按钮，设置笔头大小为70px，在苹果的中上部分单击，绘制按钮的高光，如图5.2.54所示。

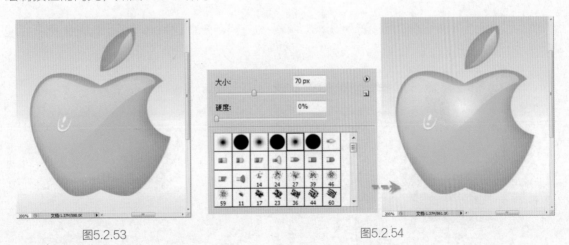

图5.2.53　　　　　　　　　　　　　　　图5.2.54

17.隐藏图层"背景"和"背景副本"，选择图层"图层3"，按快捷键Shift+Ctrl+Alt+E盖印，得到图层"图层4"，将复制得到的苹果图像移到下方，显示图层"背景"和"背景副本"，如图5.2.55所示。

18.选择"图层4"，按自由变换快捷键Ctrl+T，在自由变换选框内单击鼠标右键，在弹出的下拉菜单中选择"垂直翻转"，然后将图像移到合适的位置，如图5.2.56所示。按Enter键取消自由变换。

19.将图层"图层4"的不透明度设置为20%，选择工具栏中的渐变填充工具 ■ 按钮，设置为黑白渐变，如图5.2.57所示。单击图层下方的添加矢量蒙版 □ 按钮，在图像上拖曳光标填充渐变色，释放鼠标左键，填充线性渐变效果，得到的倒影效果如图5.2.58所示。

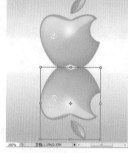

图5.2.55　　　　　　　　　图5.2.56　　　　　　　　　图5.2.57

20.选择图层"背景副本"，单击图层下方的新建 □ 按钮，新建图层"图层5"，选择工具栏中的椭圆选框工具 ○ 按钮，将羽化值设置为10px，绘制图5.2.59所示的椭圆选区，设置前景色为黑色，填充前景色，如图5.2.60所示。

图5.2.58　　　　　　　　　图5.2.59　　　　　　　　　图5.2.60

21.将图层"图层5"的不透明度设置为75%，如图5.2.61所示。这样青苹果风格的图标就完成了，最终效果如图5.2.62所示。

图5.2.61　　　　　　　　　　　图5.2.62

3 制作网页导航条的按钮

网站的导航条可以引导浏览者迅速找到有用的信息。在目前的网页信息中，导航条的形式很丰富，最常见的是在网站中所有网页的上方放置菜单条。这里介绍一种具有玻璃质感的商业导航按钮。

1.执行【文件】/【新建】命令或快捷键Ctrl+N，打开【新建】对话框，创建一个新文件，输入名称为"玻璃质感的商业导航按钮"，参数设置如图5.2.63所示。将前景色设置为深黑色，参数设置如图5.2.64所示，按快捷键Alt+Delete填充前景色。

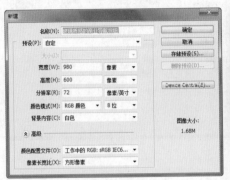 

图5.2.63　　　　　　　　　　　　　图5.2.64

2.执行菜单【视图】/【标尺】命令，单击工具栏中的移动工具，将光标移到标尺上按下鼠标并向画面拖曳，可以拖出图5.2.65所示的参考线。

3.新建图层"图层1"，单击矩形选框工具按钮，填充前景色，绘制图5.2.66所示的选区。

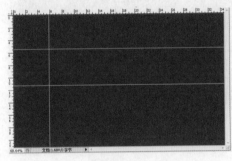 

图5.2.65　　　　　　　　　　　　　图5.2.66

4.选择"图层1"，单击【图层】面板底部的 *fx.* 按钮，在弹出的下拉列表中选择"渐变叠加"选项，参数设置如图5.2.67所示。将鼠标移到渐变中心点，将渐变中心点移到下方，如图5.2.68所示。

 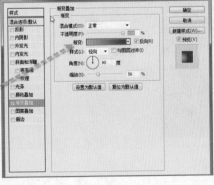 

图5.2.67　　　　　　　　　　　　　图5.2.68

5.设置完毕后不关闭对话框，在"图层样式"对话框中继续勾选"斜面与浮雕"复选框，具体参数如图5.2.69所示。设置完毕后不关闭对话框，在"图层样式"对话框中继续勾选"内阴影"复选框，具体参数设置如图5.2.70所示。按快捷键Ctrl+;隐藏参考线，效果如图5.2.71所示。

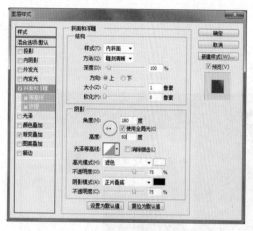 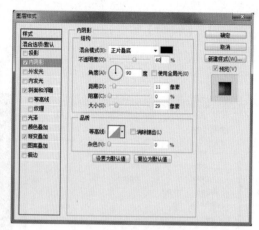

图5.2.69 图5.2.70

6.按住Ctrl键，单击图层"图层1"的小预览图，载入图像的选区，按快捷键Ctrl+;显示参考线，用前面的方法拉出图5.2.72所示的参考线。

 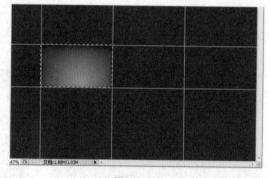

图5.2.71 图5.2.72

7.新建图层"图层2"，选择矩形选框工具，将文件内的选区移到右边，填充前景色深灰色，如图5.2.73所示，按快捷键Ctrl+D取消选区。选择"图层2"，单击【图层】面板底部的fx按钮，在弹出的下拉列表中选择"斜面与浮雕"选项，参数设置如图5.2.74所示。

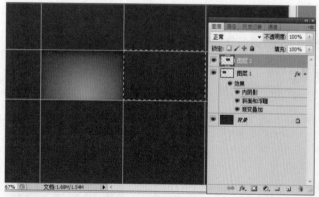 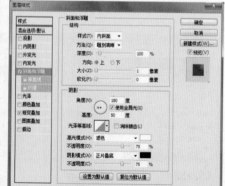

图5.2.73 图5.2.74

8.设置完毕后不关闭对话框，在"图层样式"对话框中继续勾选"渐变叠加"复选框，具体参数如图5.2.75所示。效果如图5.2.76所示。

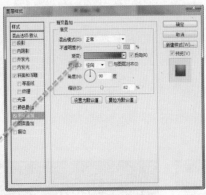

图5.2.75

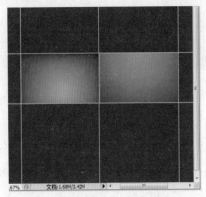

图5.2.76

9.复制图层"图层2"得
到新图层"图层2副本",用
移动工具 将图像移到右边,
调整图层样式中"渐变叠加"
的渐变中心点的位置,如图
5.2.77所示。

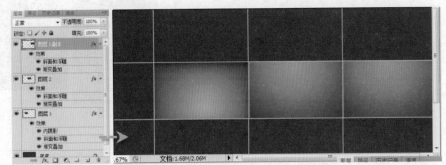

图5.2.77

10.选择图层"背景",单击新建 按钮,新建图层"图层3",选择工具栏中的矩形选框工具 绘制
图5.2.78所示的选区。填充前景色深灰色,按快捷键Ctrl+D取消选区。选择"图层3",单击【图层】面
板底部的 按钮,在弹出的下拉列表中选择"阴影"选项,参数设置如图5.2.79所示。

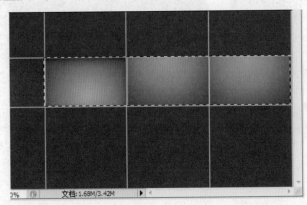

图5.2.78

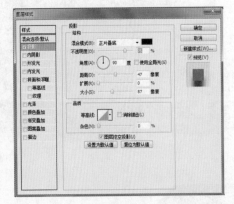

图5.2.79

11.按快捷键Ctrl+;隐藏参考线,最终效果如图5.2.80所示。最后输入文字,就可以完成图5.2.81所
示的导航条效果。

5.2.80

图5.2.81

5.2.2 界面文字特效制作

1 制作金属发光文字

1.执行【文件】/【新建】命令或按快捷键Ctrl+N，打开【新建】对话框，创建一个新文件，输入名称为"金属发光文字"，参数设置如图5.2.82所示。将前景色设置为深灰色，参数设置如图5.2.83所示，按快捷键Alt+Delete填充前景色。

图5.2.82

图5.2.83

2.新建图层"图层1"，将前景色设置为白色，选择工具栏中的画笔工具 按钮，选择钢丝划痕bibic 03画笔（如果没有该画笔，可以打开随书所附光盘中名为"随机的划痕"的笔刷），在画笔面板中调整笔头的角度和大小，结合橡皮擦工具来绘制图5.2.84所示的划痕肌理。单击图层"图层1"，将它重命名为"划痕"，将该图层的不透明度设置为20%，效果如图5.2.85所示。

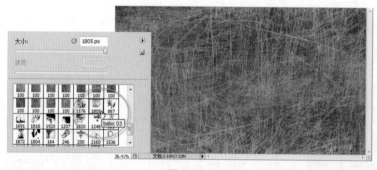

图5.2.84

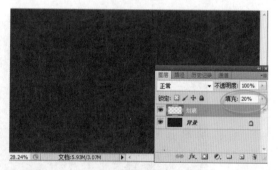

图5.2.85

小提示 Tips

在英文输入状态下，可以通过键盘上的数字来改变画笔的透明度，从1到9分别指10%~90%，0代表100%，也就是说，当你按键盘上的数字2时，可以将画笔的不透明度设置为20%。

3.选择工具栏中的横排文字工具 **T** 按钮，将前景色设置为白色，输入文字"巧夺天工"，如图5.2.86所示。复制文字图层"巧夺天工"得到新文字图层"巧夺天工副本"，将光标移到该文字图层上，按鼠标右键弹出下拉菜单，在其中选择"栅格化文字"，将文字图层转换为普通图层。如图5.2.87所示。

图5.2.86

图5.2.87

4.按住Ctrl键，单击图层"巧夺天工副本"的小预览图，载入文字的选区。执行菜单【选择】/【修改】/【扩展】命令，在弹出的"扩展选区"对话框中设置参数如图5.2.88所示。按快捷键Alt+Delete填充前景色白色，如图5.2.89所示。

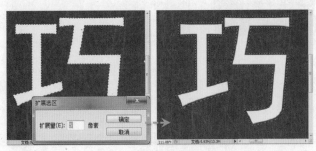

图5.2.88

图5.2.89

5.下面将字体稍加变形，隐藏图层"巧夺天工副本"，单击路径面板下方的"从选区生成工作路径"按钮，如图5.2.90所示。

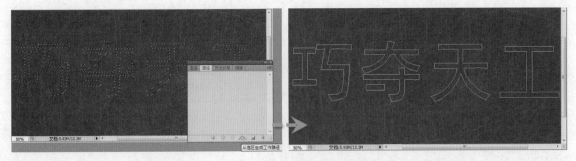

图5.2.90

6.将文字进行适当的编辑变形，编辑后的文字路径如图5.2.91所示。新建图层"图层"，按快捷键Ctrl+Enter，将文字路径转换为选区，填充前景色白色，如图5.2.92所示。

图5.2.91

图5.2.92

7.选择矩形选框工具█按钮，绘制图5.2.93所示的选区，按快捷键Alt+Delete填充白色，按快捷键Ctrl+D取消选区。选择"图层2"，单击【图层】面板底部的 *fx.* 按钮，在弹出的下拉列表中选择"投影"选项，参数设置如图5.2.94所示。

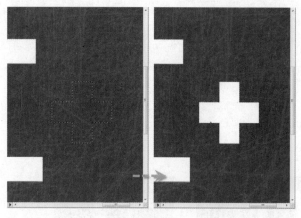
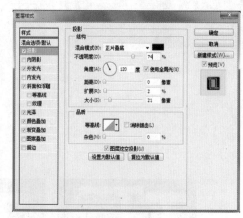

图5.2.93 图5.2.94

8.设置完毕后不关闭对话框，在"图层样式"对话框中继续勾选"外发光"复选框，具体参数如图5.2.95所示。设置完毕后不关闭对话框，在对话框中继续勾选"斜面与浮雕"复选框，具体参数如图5.2.96所示。

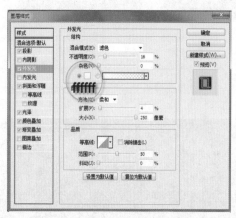

图5.2.95 图5.2.96

9.设置完毕后不关闭对话框，在"图层样式"对话框中继续勾选"光泽"复选框，具体参数如图5.2.97所示。设置完毕后不关闭对话框，在对话框中继续勾选"颜色叠加"复选框，具体参数如图5.2.98所示。

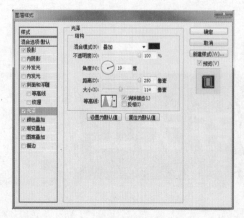
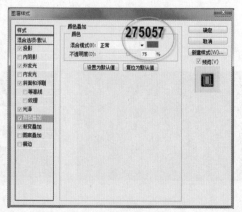

图5.2.97 图5.2.98

10.设置完毕后不关闭"图层样式"对话框，在对话框中继续勾选"渐变叠加"复选框，具体参数和立体金属效果如图5.2.99所示。

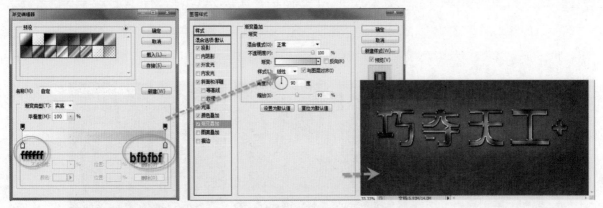

图5.2.99

11.现在我们再来添加金属划痕。在默认的Photoshop笔刷情况下,主要是沙丘草和草刷。新建图层"图层2"，将它重命名为"金属划痕"，设置图层的不透明度为50%，如图5.2.100所示。选择图层"金属划痕"，单击【图层】面板底部的 fx. 按钮，在弹出的下拉列表中选择"投影"选项，参数设置如图5.2.101所示。设置完毕后不关闭对话框，在"图层样式"对话框中继续勾选"斜面与浮雕"复选框，具体参数如图5.2.102所示。

图5.2.100

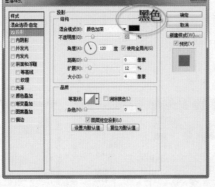

图5.2.101

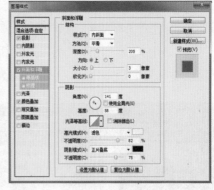

图5.2.102

12.设置完毕后不关闭对话框，在对话框中继续勾选"颜色叠加"复选框，具体参数如图5.2.103所示。

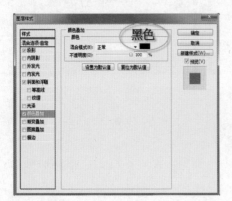

图5.2.103

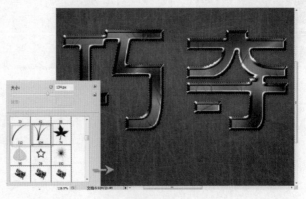

图5.2.104

13.按住Ctrl键单击图层"图层1"的小预览框载入文字选区，这样就可以确保在在选框内绘制划痕效果，选择画笔工具 按钮，选择"草"和"沙丘草"笔头，在选区内绘制划痕效果，笔头参数和效果如图5.2.104所示。

14.现在要把多余的划痕去掉，选择图层"金属划痕"，选择工具栏中的橡皮擦工具 按钮，将多余的转角处的划痕擦除，参数和效果如图5.2.105所示。按快捷键Ctrl+D取消选区。

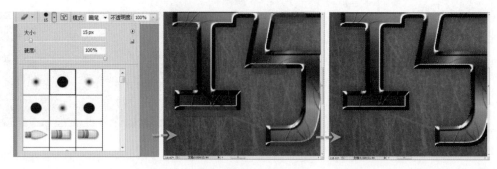

图5.2.105

15.现在添加霓虹灯的效果。选择圆角矩形工具 按钮，将前景色设置为红色，参数设置如图5.2.106所示。在图5.2.107所示的位置绘制矩形。

图5.2.106

16.选择图层"形状1"，单击【图层】面板底部的 fx. 按钮，在弹出的下拉列表中选择"内阴影"选项，参数设置如图5.2.108所示。设置完毕后不关闭对话框，在"图层样式"对话框中继续勾选"外发光"复选框，具体参数如图5.2.109所示。

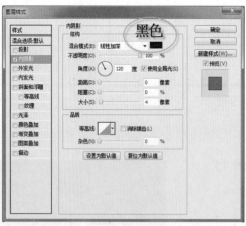
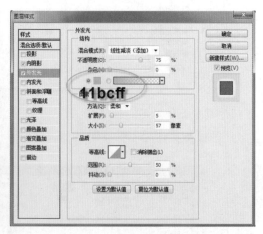

图5.2.107　　　　　　　　图5.2.108　　　　　　　　图5.2.109

17.设置完毕后不关闭对话框，在"图层样式"对话框中继续勾选"内发光"复选框，具体参数设置如图5.2.110所示。设置完毕后不关闭对话框，在"图层样式"对话框中继续勾选"颜色叠加"复选框，具体参数设置如图5.2.111所示。设置完毕后不关闭对话框，在"图层样式"对话框中继续勾选"光泽"复选框，具体参数设置如图5.2.112所示。我们可以接着制作多个霓虹灯，效果如图5.2.113所示。

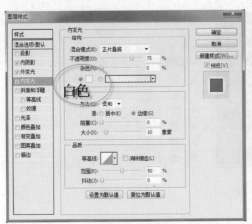

图5.2.110

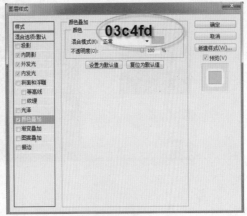

图5.2.111

图5.2.112

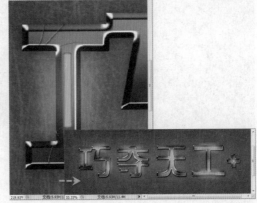

图5.2.113

18.下面我们添加一些随机自然的的肌理，新建图层"图层2"，将前景色设置为灰色，将背景色设置为黑色，按快捷键Ctrl+Delete填充背景色，如图5.2.114所示。

19.选择画笔工具 按钮，在其属性栏中打开画笔面板 ，在填出的画笔面板中选择"Sampled Brush 151"画笔，设置参数和绘制效果如图5.2.115所示。

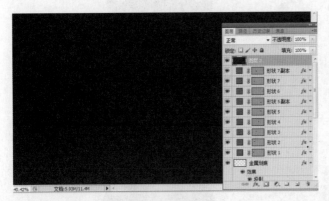

图5.2.114

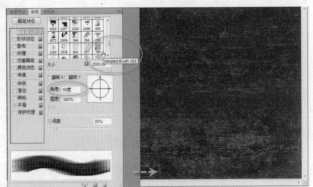

图5.2.115

20.执行菜单【滤镜】/【杂色】/【添加杂色】命令，在弹出的对话框中设置参数，如图5.2.116所示。单击"确定"按钮。将该图层的混合模式设置为"叠加"，不透明度设置为32%，如图5.2.117所示。

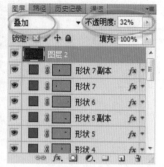

图5.2.116　　　　　　　　　　　　　图5.2.117

21.按住Ctrl键单击图层"图层1"的小预览框载入文字选区，选择图层"图层2"，单击【图层】面板底部的添加图层蒙版 按钮，如图5.2.118所示。

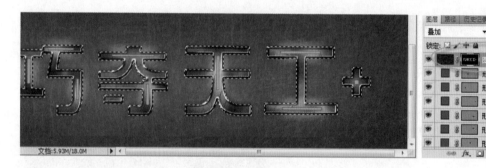

图5.2.118

22.现在我们开始做螺丝头笔头。执行【文件】/【新建】命令或快捷键Ctrl+N，打开【新建】对话框，创建一个新文件，参数设置如图5.2.119所示。新建图层"图层1"，选择画笔工具 按钮，选择"硬圆边笔头"，在该文件中单击绘制一个黑色球形形状，参数设置和效果如图5.2.120所示。

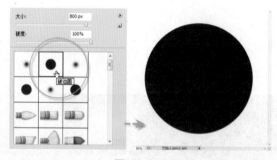

图5.2.119　　　　　　　　　　　　图5.2.120

23.然后改变它的颜色为灰色，改变笔头的角度与圆度，挤压形状,参数设置如图5.2.121所示。

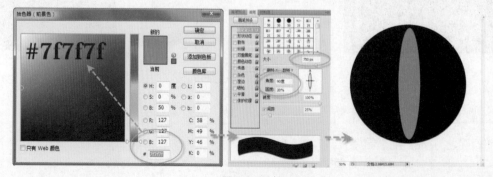

图5.2.121

24.重复的改变，参数设置和绘制效果如图5.2.122所示。隐藏图层"背景"，选择矩形选框工具 按钮，框选螺丝头图形，将其自定义为"螺丝头"笔头，如图5.2.2.123所示。

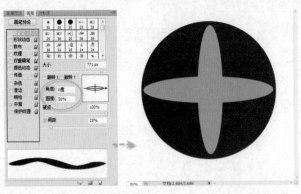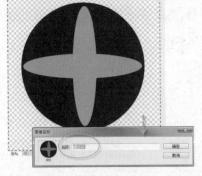

图5.2.122   图5.2.123

25.回到文件"金属发光文字"中，新建图层"图层3"，将它重命名为"螺丝钉"。选择画笔工具 按钮，选择"螺丝头"笔头，在图5.2.124所示的每一个字的位置单击绘制螺丝头效果。

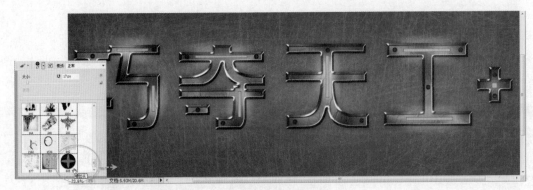

图5.2.124

26.选择图层"螺丝钉"，单击【图层】面板底部的 $fx.$ 按钮，在弹出的下拉列表中选择"投影"选项，参数设置如图5.2.125所示。设置完毕后不关闭对话框，在"图层样式"对话框中继续勾选"内阴影"复选框，具体参数如图5.2.126所示。

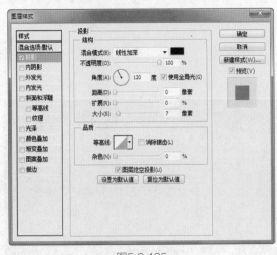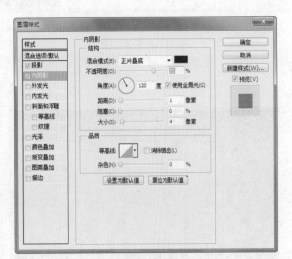

图5.2.125   图5.2.126

27.设置完毕后不关闭对话框，在"图层样式"对话框中继续勾选"斜面与浮雕"复选框，具体参数如图5.2.127所示。设置完毕后不关闭对话框，继续勾选"光泽"复选框，具体参数设置如图5.2.128所示。

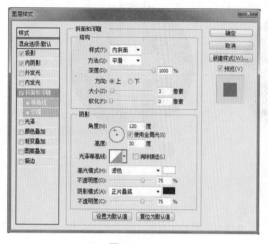

图5.2.127

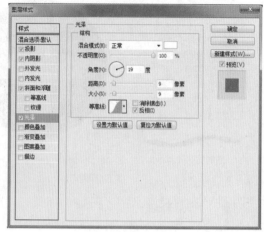

图5.2.128

28.设置完毕后不关闭对话框，在"图层样式"对话框中继续勾选"颜色叠加"复选框，具体参数如图5.2.129所示。得到效果如图5.2.130所示。复制图层"划痕"得到新图层"划痕副本"，将图层"划痕副本"移到图层"螺丝钉"的最上方，如图5.2.131所示。

图5.2.129

图5.2.130

图5.2.131

29.执行菜单【编辑】/【变换】/【垂直反转】命令,最终得到金属文字的效果如图5.2.132所示。大家也可以尝试用其他英文来制作金属发光的字母，如图5.2.133所示。

图5.2.132

图5.2.133

2 制作青草文字特效

1.首先要制作背景。按快捷键Ctrl+N，打开【新建】对话框，创建一个新文件，输入名称为"清新草文字"，参数设置如图5.2.134所示。选择渐变工具█按钮，单击其属性栏中的径向渐变█在文件中拉出黄绿色向绿色的渐变色，参数设置和效果如图5.2.135所示。

图5.2.134

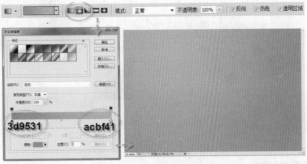
图5.2.135

2.打开随书所附光盘中名为"底纹"的素材图片，选择工具栏中的移动工具█按钮，将"底纹"移到"清新草文字"图像中，自动生成"图层1"。如图5.2.136所示。将该图层混合模式设置为"叠加"，不透明度设置为60%，如图5.2.137所示。

图5.2.136

图5.2.137

3.复制图层"图层1"为图层"图层1副本"，将该图层的混合模式设置为"滤色"，不透明度设置为30%，执行菜单【编辑】/【变换】/【水平翻转】命令，如图5.2.138所示。

4.单击通道面板下方的新建█按钮，新建通道"Alpha1",如图5.2.139所示。

图5.2.138

图5.2.139

5.将前景色设置为白色，选择工具栏中的画笔工具 按钮，选择"柔边圆笔头"，设置笔头大小，参数设置如图5.2.140所示。然后在文件中绘制出图5.2.141所示的效果。

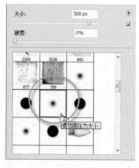
图5.2.140

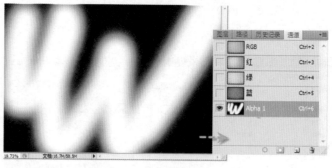
图5.2.141

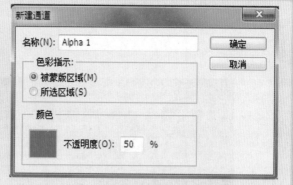

小提示 Tips

Alpla 通道和颜色通道不一样，它不是用来保存颜色数据的，而是用来保存蒙版或选择区域的，让被屏蔽的区域不受任何编辑操作的影响。新建的通道主要有两种，分别为 Alpla 通道和专色通道。按 Alt 键单击【通道】面板底部的 按钮，可以弹出图 5.2.142 所示新通道对话框。

● 被蒙版区域：单击此选项后，在新建通道中没有颜色的区域代表选择的范围，而有颜色的区域代表被蒙版的范围。

● 所选区域：相当于对【被蒙版区域】选项进行反相，得到与其相反的效果。

● 【颜色】选项：设置蒙版的颜色，单击其下面色块可以选择其他颜色。蒙版的颜色对图像的编辑没有影响，只是用于区别选区与非选区。

● 【不透明度】选项：决定蒙版的不透明度。

● 在【通道】面板中双击 Alpla 通道缩览图，在弹出的【通道选项】对话框中点选【专色】选项，可以将当前的 Alpla 通道转换为专色通道。

图5.2.142

6.执行菜单【滤镜】/【像素化】/【彩色半调】命令，得到通道效果如图5.2.143所示。单击【通道】面板上方的"RGB"，回到RGB色彩模式，打开【图层】面板，单击图层"图层1副本"。如图5.2.144所示。

图5.2.143

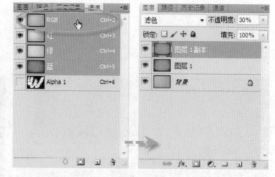
图5.2.144

7.执行菜单【选择】/【载入选区】，在弹出的【载入选区】对框框中选择"Alpha1"，如图5.2.145所示。单击"确定"按钮，然后按快捷键Ctrl+C复制，Ctrl+V粘贴，自动生成图层"图层2"，得到图5.2.146所示的图像。

图5.2.145　　　　　　　　　图5.2.146

8.选择图层"图层2"，单击【图层】面板底部的 fx.按钮，在弹出的下拉列表中选择"内阴影"选项，参数设置如图5.2.147所示。设置完毕后不关闭对话框，在"图层样式"对话框中继续勾选"斜面与浮雕"复选框，具体参数设置如图5.2.148所示。至此，漂亮的背景完成了，效果如图5.2.149所示。

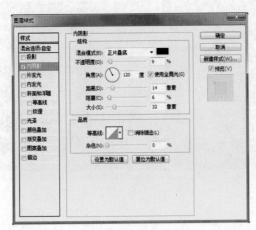
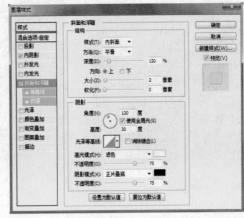

图5.2.147　　　　　　　　　图5.2.148

9.现在开始制作草文字。打开随书所附光盘中名为"草地"的素材图片，选择工具栏中的移动工具 按钮，将素材"草地"移到"清新草文字"图像中，自动生成"图层3"，如图5.2.150所示。

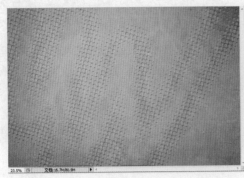
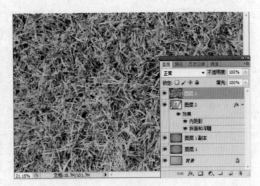

图5.2.149　　　　　　　　　图5.2.150

10.单击工具栏中的横排文字工具 T 按钮，单击属性栏中的"字符面板"设置字体大小，在文件中输入字母"PSD"，如图5.2.151所示。将该文字图层的不透明度设置为56%，载入字母"PSD"的选区，如图5.2.152所示。

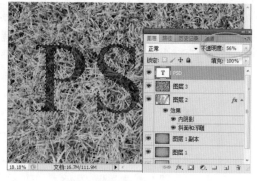

图5.2.151

图5.2.152

11.选择工具栏中的多边形套索工具，羽化为0px,将选区外多出来的部分草加入选区内，如图5.2.153所示。将所有的字母都抠选好，这个过程需要细致与耐性，也是草自然效果的关键，如图5.2.154所示。

图5.2.153

图5.2.154

12.选择图层"图层3"，隐藏"T"文字图层，如图5.2.155所示。按快捷键Ctrl+C复制，Ctrl+V粘帖，自动生成图层"图层4"，将该图层重命名为"草字"，隐藏图层"图层3"，如图5.2.156所示。得到图5.2.157所示的效果。

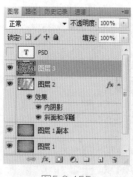

图5.2.155

图5.2.156

图5.2.157

13.选择图层"草字"，单击【图层】面板底部的 *fx.* 按钮，在弹出的下拉列表中选择"斜面与浮雕"选项，参数设置如图5.2.158所示。设置完毕后不关闭对话框，在"图层样式"对话框中继续勾选"光泽"复选框，具体参数设置如图5.2.159所示。得到效果如图5.2.160所示。

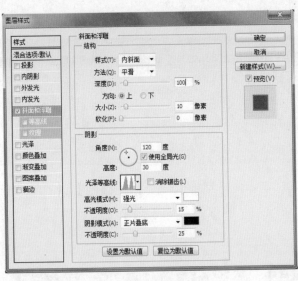

图5.2.158

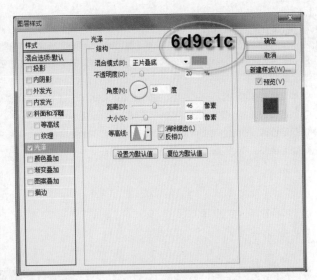

图5.2.159

14.复制图层"草字",创建新图层"草字副本"。将图层"草字副本"移到图层"草字"的下方,隐藏图层"草字"。如图5.2.161所示。

图5.2.160

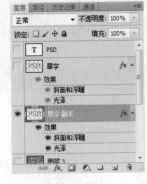

图5.2.161

15.选择图层"草字副本",单击鼠标右键在弹出的下拉列表中选择"清除图层样式",如图5.2.162所示。选择图层"草字副本",将其重命名为"阴影"。单击图层上方的"锁定透明像素" ⬚按钮,将前景色设置为黑色,按快捷键Alt+Delete填充前景色,如图5.2.163所示。

图5.2.162

图5.2.163

充电站 Tips

在【图层】面板中，从左至右依次为锁定透明像素、锁定图像像素、锁定位置和锁定全部四种方式。这些方式只对普通图层起作用，对背景层是无效的。

◇ 锁定透明像素：锁定当前图层的透明区域，使透明区域不能被编辑。

◇ 锁定图像像素：使当前图层和透明区域不能被绘图编辑。

◇ 锁定位置：锁定当前图层的位置，使当前图层不能被移动。

◇ 锁定全部：使当前图层或图层组将完全被锁定。

16.单击图层上方的"锁定透明像素" 按钮，取消锁定。执行菜单【滤镜】/【模糊】/【动感模糊】命令，模糊后的效果如图5.2.164所示。显示图层"草字"，将该图层的不透明度设置为70%，如图5.2.165所示。

图5.2.164

图5.2.165

17.将图层"阴影"移到合适的位置，如图5.2.166所示。新建图层"图层4"，选择工具栏中的画笔工具，选择"柔边圆笔头"，设置笔头大小，参数设置如图5.2.167所示。在其阴影部分不断地加深绘制，直到使影子接近自然效果，如图5.2.168所示。

图5.2.166

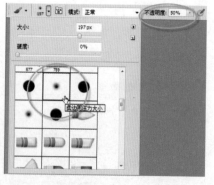

图5.2.167

18.现在添加一些草作为草背景部分。复制图层"草字"，创建新图层"草字副本"，将该图层重命名为"草背景"，如图5.2.167所示。将图层"草背景"移到图层"阴影"的下方，隐藏图层"阴影"、图层"图层4"、图层"草字"，如图5.2.170所示。

图5.2.168 　　　　　图5.2.169 　　　　　图5.2.170

19.单击图层面板下方的添加矢量蒙版 按钮，将前景色设置为黑色，选择工具栏中的画笔工具，在边缘多余的杂草上进行涂抹，目的是使边缘变得整齐一些。如图5.2.171所示。

图5.2.171

20.选择图层"草背景"，单击【图层】面板底部的 fx.按钮，在弹出的下拉列表中选择"斜面与浮雕"选项，参数设置如图5.2.171所示。得到的效果如图5.2.172所示。

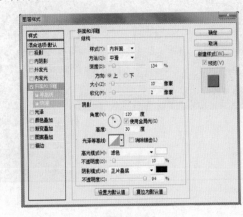

图5.2.172 　　　　　　图5.2.173

21.将图层"草背景"的不透明度设置为72%，如图5.2.173所示。单击图层下方的"创建新的调节层" .按钮，在弹出的下拉菜单中选择"色相/饱和度"，自动生成调节图层"色相/饱和度"，参数设置如图5.2.175所示。按住Alt键，在两个图层之间单击，将调节层"色相/饱和度"嵌入倒立"草背景"，如图5.2.176所示。得到的最终效果如图5.2.177所示。

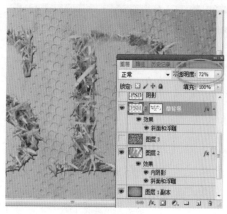

图5.2.174 　　　　　　　图5.2.175 　　　　　　　图5.2.176

22.选择图层"草背景"，单击工具栏中的移动工具 按钮，将图像向下向右移动，制作出立体草的影子，效果如图5.2.178所示。这样漂亮清新的草文字就做完了。最终效果如图5.2.179所示。

图5.2.177 　　　　　　　图5.2.178 　　　　　　　图5.2.179

23.图5.2.180所示为网页首页界面设计中的TOP头设计，其主标题文字设计就是运用了清新草文字的效果，呈现出活泼、自然、清新的设计风格。

图5.2.180

3 制作彩色铬文字

1.现在我们做一个彩色铬的文字效果。按快捷键Ctrl+N，打开【新建】对话框，创建一个新文件，输入名称为"彩色铬文字"，参数设置如图5.2.181所示。将前景色设置为深灰色，填充前景色，参数设置和效果如图5.2.182所示。

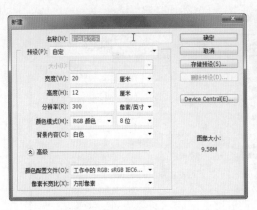

图5.2.181

图5.2.182

2.将前景色设置为黑色,选择画笔工具 按钮,设置在图像四周涂抹,如图5.2.183所示。打开随书所附光盘中名为"日月星文字"的PSD文件,将已变形处理的文字主标题移到"彩色铬文字"文件中,自动生成图层"日月星",如图5.2.184所示。

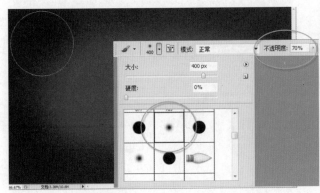

图5.2.183

图5.2.184

3.选择文字图层"日月星",单击【图层】面板底部的 按钮,在弹出的下拉列表中选择"渐变叠加"选项,参数设置如图5.2.185所示。得到的效果如图5.2.186所示。

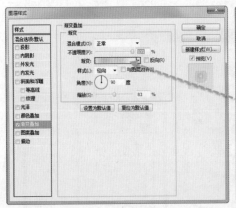

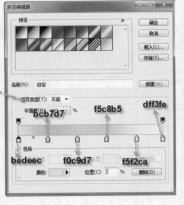

图5.2.185

图5.2.186

4.设置完毕后不关闭对话框,在"图层样式"对话框中继续勾选"光泽"复选框,具体参数如图5.2.187所示。设置完毕后不关闭对话框,继续勾选"投影"复选框,具体参数如图5.2.188所示。

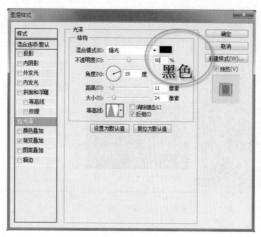

图5.2.187

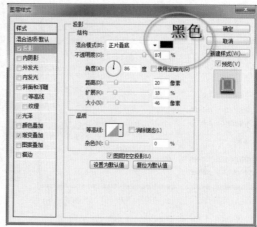

图5.2.188

5.设置完毕后不关闭对话框，在"图层样式"对话框中继续勾选"内阴影"复选框，具体参数设置如图5.2.189所示。设置完毕后不关闭对话框，继续勾选"外发光"复选框，具体参数如图5.2.190所示。

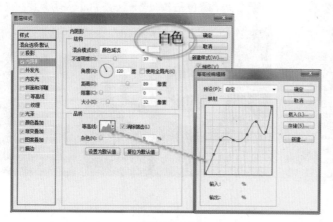

图5.2.189

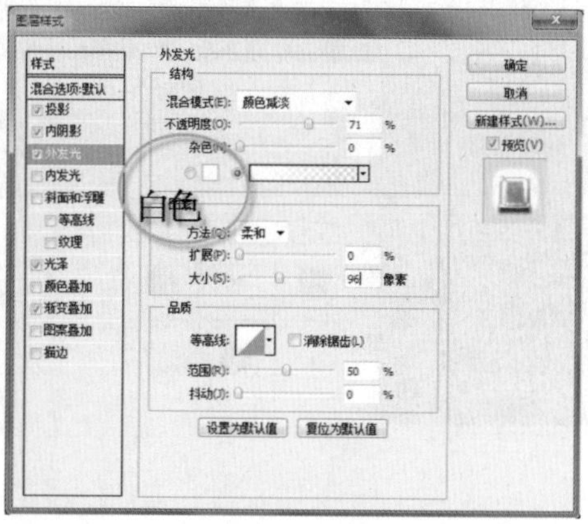

图5.2.190

6.设置完毕后不关闭对话框，在"图层样式"对话框中继续勾选"内发光"复选框，具体参数如图5.2.189所示。设置完毕后不关闭对话框，继续勾选"斜面和浮雕"复选框，具体参数如图5.2.192所示。

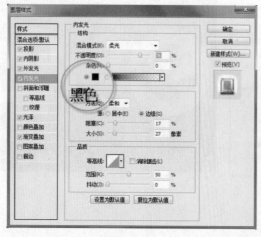

图5.2.191

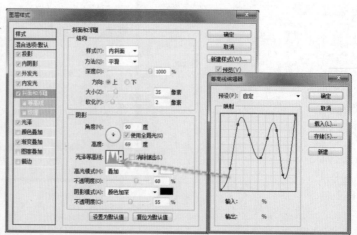

图5.2.192

7.这样彩色铬字体效果就完成了，如图5.2.193所示。如果把颜色加深，效果会更好。单击图层下方的"添加调节图层" 按钮，选择"亮度与对比度"，参数设置如图5.2.194所示。最终效果如图5.2.195所示。

图5.2.193　　　　　　图5.2.194　　　　　　　图5.2.195

4 制作裂纹钢板文字

1.打开随书所附光盘中名为"纸纹"素材文件，执行菜单【文件】/【存储为】命令,将文件存储为名为"裂纹钢板文字"的PSD文件，如图5.2.196所示。单击图层面板下方的创建新调节图层 按钮，在弹出的下拉式菜单中选择"色阶"，参数设置如图5.2.197所示。设置好后继续单击创建新调节图层 按钮，在弹出的下拉式菜单中选择"黑白"，参数设置如图5.2.198所示。得到效果如图5.2.199所示。

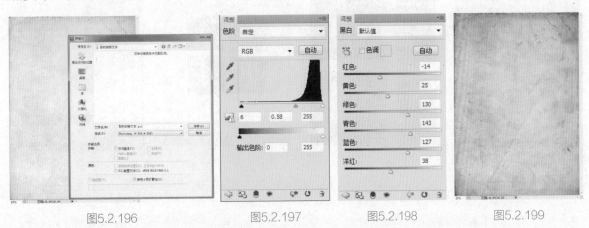

图5.2.196　　　　　　图5.2.197　　　　　　图5.2.198　　　　　　图5.2.199

2.单击调节图层"黑白1"的蒙版略缩图，将前景色设置为黑色，选择工具栏中的画笔工具 按钮，选择"柔边圆"笔头，在文件中间单击，笔头参数设置如图5.2.200所示。效果如图5.2.201所示。

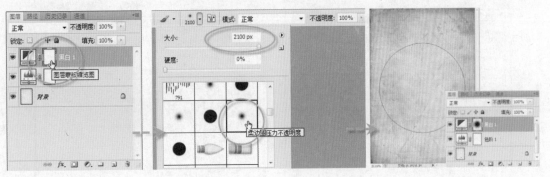

图5.2.200

3.单击图层面板下方的创建新调节图层  按钮，在弹出的下拉式菜单中选择"可选颜色"，参数设置和效果如图5.2.202所示。设置好后继续单击创建新调节图层  按钮，在弹出的下拉式菜单中选择"曲线"，参数设置如图5.2.203所示。将该调节层的不透明度设置为60%，效果如图5.2.204所示。

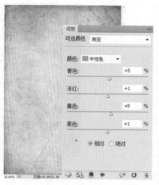
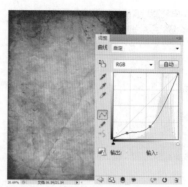

图5.2.201　　　　　　　图5.2.202　　　　　　　图5.2.203

4.打开随书所附光盘中名为"全力以赴文字"素材文件，将文字移到"裂纹钢板文字"文件中，自动生成图层"图层1"，如图5.2.205所示。将"全力以赴文字"缩小到合适的大小，移到图中合适的位置，如图5.2.206所示。将前景色设置为灰色，参数设置如图5.2.207所示。

图5.2.204　　　　　　图5.2.205　　　　　　图5.2.206　　　　　　图5.2.207

5.选择文字图层"图层1"，单击【图层】面板底部的 *fx.* 按钮，在弹出的下拉列表中选择"投影"选项，参数设置如图5.2.208所示。设置完毕后不关闭对话框，在"图层样式"对话框中继续勾选"内阴影"复选框，具体参数如图5.2.209所示。

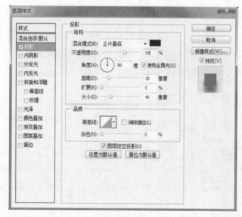

图5.2.208　　　　　　　　　　　　　图5.2.209

6.设置完毕后不关闭对话框，在"图层样式"对话框中继续勾选"斜面与浮雕"复选框，具体参数设置如图5.2.210所示。设置完毕后不关闭对话框，在"图层样式"对话框中继续勾选"渐变叠加"复选框，具体参数如图5.2.211所示。

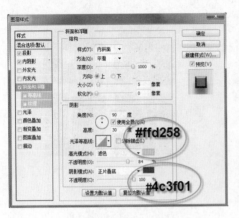
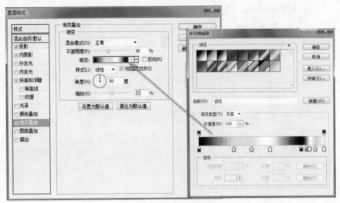

图5.2.210　　　　　　　　　　　　　　　　　　图5.2.211

7.设置完毕后不关闭对话框，在"图层样式"对话框中继续勾选"描边"复选框，具体参数设置如图5.2.212所示，得到钢板浮雕效果如图5.2.213所示。打开随书所附光盘中名为"岩石裂纹"素材文件，将素材图片移到"裂纹钢板文字"文件中，自动生成图层"图层2"，如图5.2.214所示。

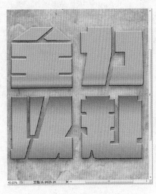

图5.2.212　　　　　　　图5.2.213　　　　　　　图5.2.214

8.按Ctrl键单击图层"图层1"的小预览图，选择图层"图层2"，单击图层下方的"添加矢量蒙版"按钮，得到效果如图5.2.215所示。将该图层 "图层2"的混合模式设置为"颜色加深"，得到效果如图5.2.216所示。

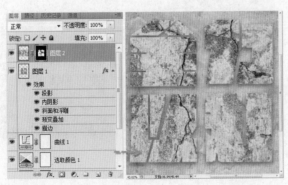
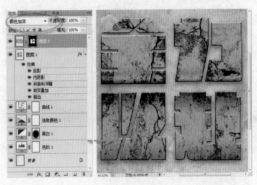

图5.2.215　　　　　　　　　　　　　　　　　图5.2.216

9.新建图层"图层3",将其重命名为"阴影",将图层"阴影"移到图层"图层1"的下方,如图5.2.217所示。隐藏图层"图层1"、"图层2",选择图层"阴影",按Ctrl键单击图层"图层1"的小预览图,得到文字选区,将前景色设置为黑色,按快捷键Alt+Delete填充前景色,取消选区,如图5.2.218所示。

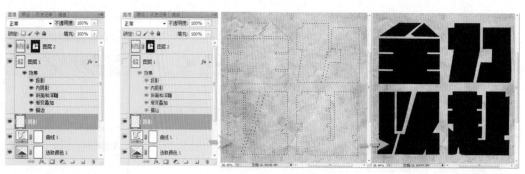

图5.2.217   图5.2.218

10.执行菜单【滤镜】/【模糊】/【高斯模糊】命令,在弹出的高斯模糊对话框中设置参数,参数设置如图5.2.219所示。再单击眼睛图标💬显示图层"图层1"、"图层2",选择图层"阴影",将阴影图像移到文字下方一点,如果想让阴影逼真一点,也可以用橡皮檫除阴影的左上角和右上角部分,效果如图5.2.220所示。

图5.2.219   图5.2.220

11.复制图层"阴影"得到图层"阴影副本",按快捷键Ctrl+T自由变换缩放到如图5.2.221所示的效果。按Enter键取消自由变换工具。执行菜单【滤镜】/【模糊】/【高斯模糊】命令,参数设置如图5.2.222所示。

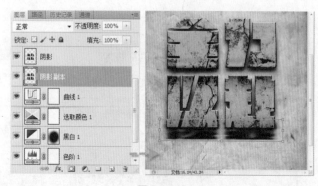

图5.2.221

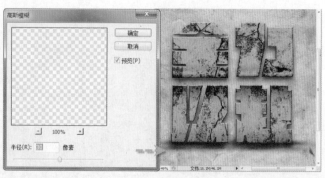

图5.2.222

12.将图层"阴影副本"的混合模式设置为"柔光",效果如图5.2.223所示。选择图层"图层2",单击图层面板下方的创建新调节图层 ⊘.按钮,在弹出的下拉式菜单中选择"曲线",参数设置和效果如图5.2.224所示。

图5.2.223   图5.2.224

13.按Ctrl键单击图层"图层1"的小预览图,得到文字选区。选择调节图层"曲线",单击图层下方的"添加矢量蒙版" □按钮,如图5.2.225所示。这样裂纹钢板文字特效完成了,最终效果如图5.2.226所示。

图5.2.225   图5.2.226

5.2.3 操作习题

练习一:设计汉字文字特效

参照本章节所学的图层样式和滤镜的方法,以"图像处理"为主标题(主标题可以美化变形,强化个性)发挥想象,自己独立创造一款文字特效,设计要求字效有明确、个性的风格,色调和谐统一,注重文字细节变

图5.2.227

化。用photoshop软件独立完成。尺寸:21cm×29cm(横、竖构图不限),分辨率:150dpi,模式:RGB,保存格式:psd,要求附有图层。

练习二:设计网页按钮效果

参照本章节所学的图层样式和滤镜的方法,打开所附光盘中练习六文件中提供的网页图钮效果,自己尝试一下能否制作出来,效果如图5.2.227所示。

5.3 照片处理

5.3.1 项目描述分析

《Photoshop图像处理》网页设计与制作

1. 项目描述

教育类网站的设计风格以大气实用为主，不可以像电子产品那样有太宽的思路，设计上要严谨，风格上要简洁、大方并且主要信息要突出。本项目是金华职业技术学院艺术设计学院课程网站首页的设计。该网站主要是图像处理Photoshop的课程网站，核心内容主要是展示课程内容、课程设计、考证专栏、设计资源及设计欣赏等。根据艺术设计学院专业特点，既要体现文化教育类网站高雅大方的风格，又要体现艺术设计专业与众不同的设计风格，同时还要体现出Photoshop强大的图像特效的制作功能，如图5.3.1所示。

图5.3.1

尺寸：网页尺寸1024像素×768像素

格式：颜色模式RGB、保存格式PSD、输出网页格式HTML。

考虑到网页的的艺术创意与软件功能相结合，所以本例以自然手绘风格体现Photoshop制作质感的强大处理。下面通过网页的版式风格、色彩配合、LOGO与文字这3个方面详细对本产品进行介绍。

- 版式风格：由于是课程网页，因此其风格要简洁、大方；网页骨格分为竖向3栏，版式给人一种具有和谐理性之美的感觉；图片文字分割为上下两部分，图片部分具有说服力，一目了然，而文字设计既突出整体又条理清晰；网页中底纹褶皱、页面折边、导航方式等细节的独特设计也是该网站品质的体现。

- 配色：本网页背景色以灰色为主调，以肌理丰富变化的褶痕纹理构成底纹。圆角导航设计中以黑色与橙色搭配，明暗对比强烈，与主色调协调统一。为进一步突出导航，圆角软化规整的四边形，丰富立体效果，其按钮的外观为是为了吸引用户点击它们。

- LOGO与文字：为体现高校的形象，加深提高高校学院印象，LOGO放在正面左上方较显眼的位置，非常符合认得正常视觉流程。运用图层样式突出而醒目，正文文字以中灰色规整排版，与背景色调统一和谐，让人感觉网站功能清晰明了。

2. 任务目标

最终目标：学会网页界面设计。

促成目标：

（1）了解网页框架的规划与设置；

（2）掌握Web安全色的使用与色彩的搭配技巧；

（3）能把握网页图像与网页的整体创作；

（4）掌握网页设计的制作流程。

3. 任务要求

任务1：网页创意与构思；

任务2：网页导航制作；

任务3：网页界面制作。

4. 教学过程设计

（1）学生对该网站企业进行调研分析、调研分析、要素挖掘、设计开发、设计修正；

（2）学习网页底纹制作；

（3）学习网页按钮的技能操作；

（4）网页界面设计开发、设计修正。

5. 包装设计流程分析

①根据课程网站的内容及排版设计骨格的草图　　②按照网页制作要求设计尺寸　　③制作网页手绘背景，调整网页整体色调放置主标题

④制作有立体感的导航和文本栏　　⑤输入导航文字、放置图片素材　　⑥输入LOGO、主标题与文字内容，完成网页界面制作

图5.3.2

6. 操作要点分析

（1）利用图层样式制作各种网页导航按钮。

（2）利用图层样式制作各种网页图标。

（3）利用路径完成细节圆角、厚度、质感的处理。

5.3.2　制作步骤

首先我们来创建一个简单的纸纹理，根据网页布局来创造一个整齐的网页界面，首先我们先确定网站的结构，还需要一个有特色的背景和完整的配色方案来确定整个设计风格。

1.先制作一个纹理背景，按快捷键Ctrl+N，打开【新建】对话框，创建一个新文件，输入名称为，参数设置如图5.3.3所示。将前景色设置为米色，填充前景色，参数设置如图5.3.4所示。《photoshop 图像处理》课程网页设计

图5.3.3

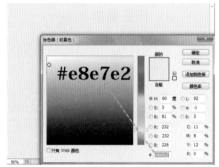

图5.3.4

2.按快捷键Ctrl+R显示标尺，然后执行【编辑】/【首选项】/【参考线、网格和切片】命令，更改参考线的颜色为"浅红色"，单击"确定"按钮。添加纵向0.8cm，4.6cm，8.4cm，15.9cm共4条垂直参考线，添加1.8cm，2.1cm，7.2cm，11.7cm共4条水平参考线，如图5.3.5所示。

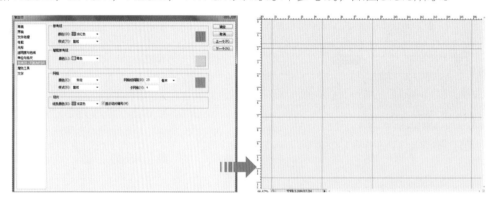

图5.3.5

3.新建图层"图层1"，将前景色和背景色分别设置为#979a8f 和 #cfd1c5，执行菜单【滤镜】/【渲染】/【云彩】命令，效果如图5.3.6所示。执行菜单【滤镜】/【艺术效果】/【调色刀】命令，在弹出的"调色刀"对话框里设置参数如图5.3.7所示。

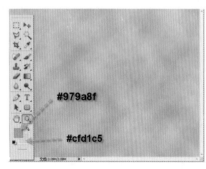

图5.3.6

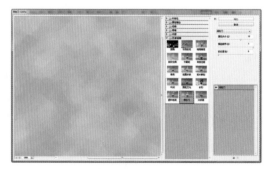

图5.3.7

4.执行菜单【滤镜】/【杂色】/【添加杂色】命令，参数设置和效果如图5.3.8所示。将该图层的混合模式设置为"正片叠底"，不透明度设置为30%，如图5.3.9所示。

图5.3.8   图5.3.9

5.新建图层"图层2"，将前景色和背景色分别设置为#42433e and #cfd1c5，执行菜单【滤镜】/【渲染】/【云彩】命令，效果如图5.3.10所示。执行菜单【滤镜】/【艺术效果】/【调色刀】命令，在弹出的"调色刀"对话框里参数设置如图5.3.11所示。

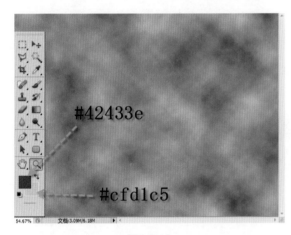

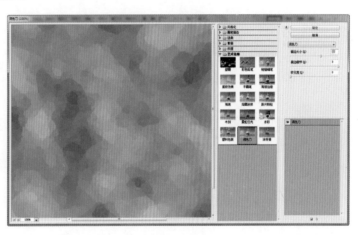

图5.3.10   图5.3.11

6.将该图层的混合模式设置为"叠加"，不透明度设置为60%，如图5.3.12所示。现在我们将创建一个组合布局和网页结构。如图5.3.13所示。可以看到我们的整体网格是一个三列网格第二列中，将网格区域分解成两个主要空间，第三列则分为3个内容空间。

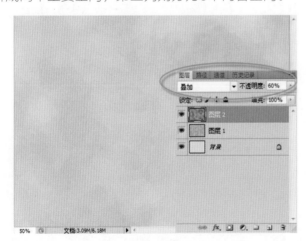

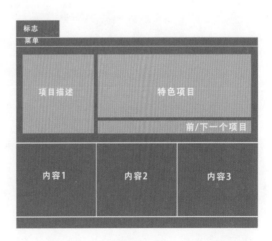

图5.3.12   图5.3.13

7.新建图层"图层3",选择工具栏中的矩形选框工具 ，在文件中框选图5.3.14所示的矩形。将该图层的不透明度设置为25%,如图5.3.15所示。

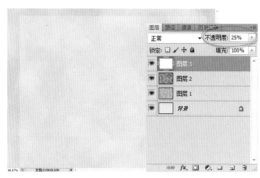

图5.3.14   图5.3.15

8.选择工具栏中的橡皮擦工具 按钮,选择"粉笔"笔头,设置笔头大小为60px,在白色矩形四周不断擦除,擦出图5.3.16所示的效果。新建图层,"图层4"将前景色设置为白色,选择渐变工具 按钮,在其属性栏中选择"前景色到透明渐变",在图像中如图5.3.17所示的位置拉出径向渐变。

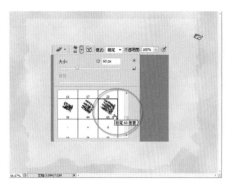
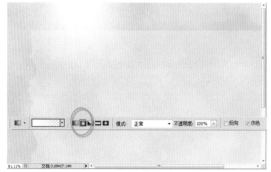

图5.3.16   图5.3.17

9.将图层"图层4"的填充值设置为70%,如图5.3.18所示。打开随书所附光盘中名为"图像处理"的PSD文件,将已变形处理的文字主标题移到主文件中,自动生成图层"图层5",将其重命名为"主标题"。如图5.3.19所示。

图5.3.18   图5.3.19

10.将"标志"缩小到合适的大小,移到图中合适的位置,选择工具栏中的横排文字工具,输入副标题文字"Tu xiang chu li jing pin ke cheng",如图5.3.20所示。

11.接下来制作一个文字水印效果。输入文字"Photoshop",将文字旋转角度,参数设置和旋转效果如图5.3.21所示。

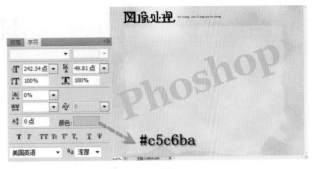

#c5c6ba

图5.3.20   图5.3.21

　　12.将文字"photoshop"移到图像左上方,如图5.3.22所示。选择文字图层"photoshop", 单击【图层】面板底部的 *fx* 按钮,在弹出的下拉列表中选择"图案叠加"选项,参数设置如图5.3.23所示。

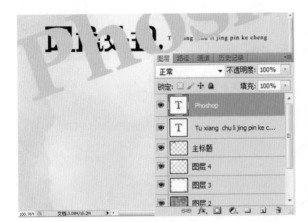

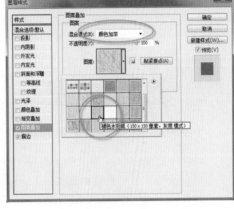

图5.3.22   图5.3.23

　　13.设置完毕后不关闭对话框,在"图层样式"对话框中继续勾选"描边"复选框,具体参数设置如图5.3.24所示。将文字图层"photoshop"的混合模式设置为"饱和度",得到的效果如图5.3.25所示。

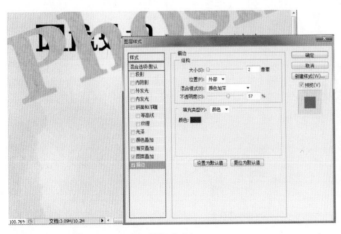

图5.3.24   图5.3.25

　　14.新建图层"图层5",将前景色设置为深褐色#2e2001,选择工具栏中的单行选框工具 ,在图5.3.26所示的位置单击,填充前景色,按快捷键Ctrl+D取消选区。单击工具栏中的橡皮擦工具 按钮,选择步骤7的笔头和大小,在深褐色线上不断擦除,擦出图5.3.27所示的效果,使线条呈现斑驳的效果。

图5.3.26 图5.3.27

15.新建图层"图层6",选择工具栏中的矩形选框工具▣,绘制出图5.3.28所示的矩形,将前景色设置为# 4f4939,按快捷键Alt+Delete填充前景色,取消选区。将该图层的混合模式设置为"正片叠底",不透明度设置为5%,效果如图5.3.29所示。

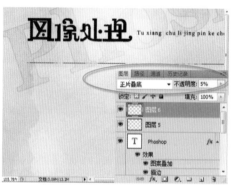

图5.3.28 图5.3.29

16.新建图层"图层7",选择工具栏中的矩形选框工具▣,绘制出图5.3.30所示的矩形,将前景色设置为白色,按快捷键Alt+Delete填充前景色,取消选区。选择工具栏中的橡皮擦工具▱按钮,选择"粉笔"笔头,笔头大小60px,不透明度设置为23%,在白色矩形的上半部分不断擦除,擦出如图5.3.31所示的效果。

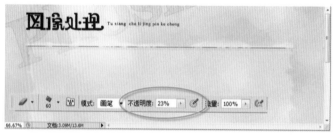

图5.3.30 图5.3.31

17.单击图层面板下方的创建图层组▭按钮,创建图层组"组1",将其重命名为"折线",将图层"图层7"、"图层5"依次拖入"折线"图层组里,如图5.3.32所示。分别复制图层组"折线"创建新图层组"折线副本"、"折线副本2",将复制两个图层组的图像移到图像的下方,摆放位置如图5.3.33所示。

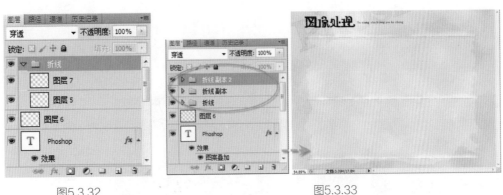

图5.3.32   图5.3.33

18.新建图层"图层8",选择工具栏中的圆角矩形工具▢按钮,绘制出图5.3.34所示的圆角矩形路径。按快捷键Ctrl+Enter将路径转换为选区,将前景色设置为#1e1a19,填充前景色,取消选区,如图5.3.35所示。

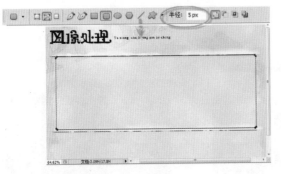

图5.3.34   图5.3.35

19.选择工具栏中的多边形套索工具☑,绘制出图5.3.36所示的封闭形选区,按快捷键Ctrl+X剪切,Ctrl+V粘帖,自动生成图层"图层9",如图5.3.37所示。

20.选择图层"图层9",单击锁定透明像素▣按钮,将前景色设置为#352f2b,填充前景色,执行【编辑】/【变换】/【旋转180度】,如图5.3.38所示。按Enter键取消自由变换。

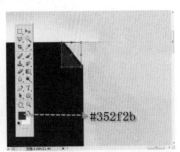

图5.3.36   图5.3.37   图5.3.38

小提示 Tips

复制粘贴和剪切粘贴图层:复制图层不只适合于同一图像,还可以用于不用的图像和程序之间。

21.现在我们开始制作标签式的菜单,选择工具栏中的的钢笔工具▢,绘制出图5.3.39所示的路径形状。新建图层"图层10",将其重命名为"菜单1",将图层"菜单1"移到图层"图层8"的下方,按快捷键Ctrl+Enter将路径转化为选区，填充前景色，如图5.3.40所示。

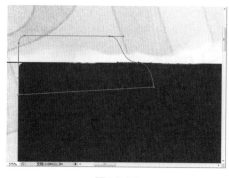
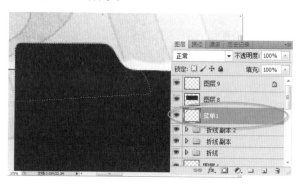

图5.3.39　　　　　　　　　　　　图5.3.40

22.按快捷键 Ctrl+D取消选区，复制图层"菜单1"创建新图层"菜单1副本"，将图层"菜单1副本"移到图层"菜单1"的下方，选择移动工具，按住Shift键，将图像向右移到图5.3.41所示的位置。

23.选择图层"菜单1副本"，单击锁定透明像素按钮，将前景色设置为橙色#cc5630，填充前景色，效果如图5.3.42所示。

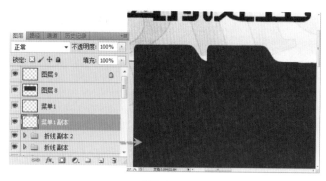
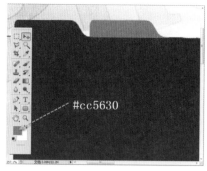

图5.3.41　　　　　　　　　　　　图5.3.42

24.载入图层"菜单1副本"的选区，选择矩形选框工具，将选区向左移到图5.3.43所示的位置。将前景色设置为#b44724，填充前景色，使菜单标签显得有立体感，如图5.3.44所示。复制图层"菜单1副本"创建3个新图层"菜单1副本2"、图层"菜单1副本3"、 图层"菜单1副本4"，分别将复制的3个标签向右移动，将新建的3个图层移到图层"菜单1副本"的下方，具体排列顺序如图5.3.45所示。

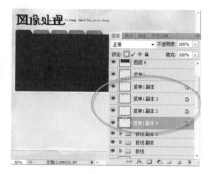

图5.3.43　　　　　图5.3.44　　　　　图5.3.45

25.将前景色设置为白色，选择工具栏中的横排文字工具，设置合适的文字字体及大小，在图像中输入文字"首页、优秀教程、设计资源、考证专栏、互动专栏"，如图5.3.46所示。

图5.3.46

26.新建图层"图层10",选择矩形选框工具 ⬚ ,框选图5.3.47所示的矩形。将前景色设置为白色填充前景色,取消选区,如图5.3.48所示。

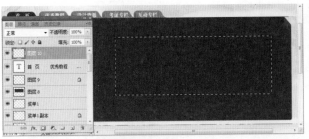

图5.3.47

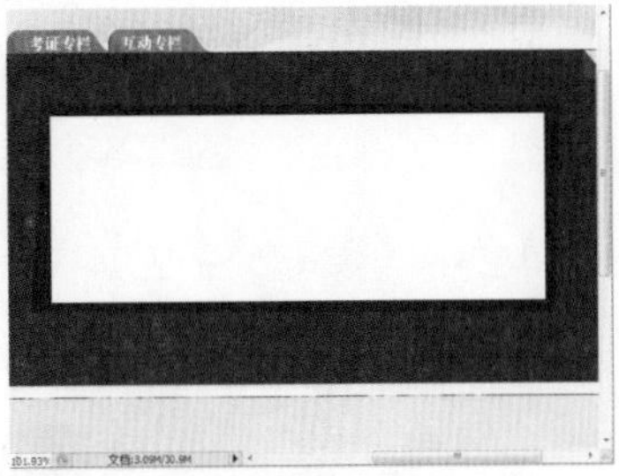

图5.3.48

27.新建图层"图层11",将该图层移到图层"图层10"的下方,选择多边形套索工具 ,绘制出图5.3.49所示的方形。将前景色设置为# 0e0c0c,填充前景色,取消选区,效果如图5.3.50所示。

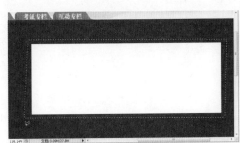

图5.3.49

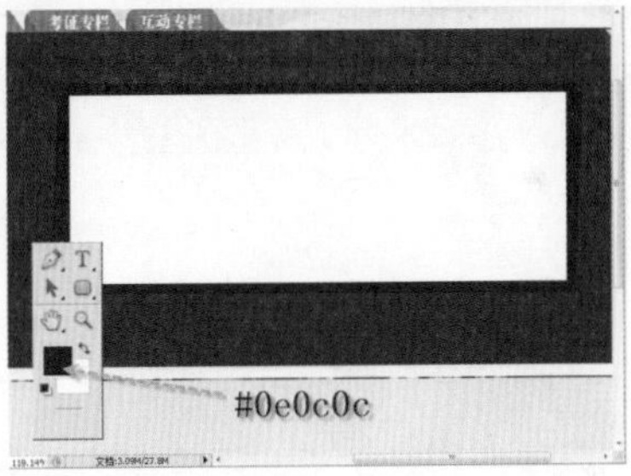

图5.3.50

28.打开随书所附光盘中名为"图片欣赏"的素材图片,将素材移到文件中,自动生成图层"图层12"。按快捷键Ctrl+T调出自由变换框,按住Shift键的调整图像的大小,调整完毕后按Enter键确认变换,将光标移到图层"图层12"和"图层10"之间,按住Alt键,在两个图层之间单击,将图层"图层12"嵌入"图层10", 得到的效果如图5.3.51所示。

29.选择工具栏中的横排文字工具 T ,设置合适的文字字体及大小,在图像中输入文字,得到的图像效果如图5.3.52所示。

图5.3.51

图5.3.52

30.选择工具栏中的画笔工具 ✐ 按钮，选择"3d arrow"画笔（如果没有该画笔，可以打开随书所附光盘中名为"手绘箭头"的笔刷），在画笔面板中调整笔头的角度和大小，绘制出图5.3.53所示的箭头形状。选择"arrow-dark"画笔，在画笔面板中调整笔头的角度和大小，绘制如图5.3.54所示的箭头形状。

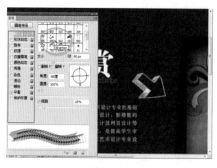 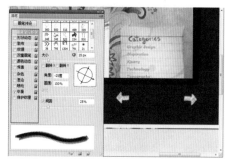

图5.3.53   图5.3.54

31.选择工具栏中的横排文字工具 T ，设置合适的文字字体及大小，在图像中输入文字，得到的图像效果如图5.3.55所示。

图5.3.55

32.新建图层"图层15"，将其重命名为"三角形"。选择画笔工具 ✐ ，选择"arrow-dark"画笔，在画笔面板中调整笔头的角度和大小，在图5.3.56所示的位置绘制箭头形状。选择矩形选框工具 ▣ ，删除选框内的图形，得到三角图形，如图5.3.57所示。选择移动工具，按快捷键Shift+Alt复制3个三角图形，如图5.3.58所示。

图5.3.56   图5.3.57   图5.3.58

33.新建图层组"组1"，将其重命名为"图片"，新建图层"图层15"，将该图层移到图层组"图片"内，如图5.3.59所示。选择矩形选框工具 ▣ ，按住Shift键绘制正方形选区，将前景色设置为#54554f，填充前景色，按快捷键Ctrl+D取消选区，参数与效果如图5.3.60所示。

34.打开随书所附光盘中名为"图1"的素材图片，将素材移到文件中，自动生成图层"图层16"。

按住Alt键单击图层"图层15"的小预览图，载入图层"图层15"的选区。如图5.3.61所示。

图5.3.59   图5.3.60   图5.3.61

35.选择图层"图层16"，单击图层蒙版下方的添加矢量蒙版 按钮，得到的效果如图5.3.62所示。复制图层"图层15"创建新图层"图层15副本"和"图层15副本2"，将图像移到如图5.3.63所示的位置。

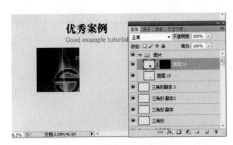
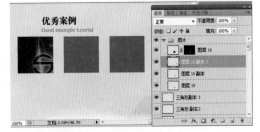

图5.3.62   图5.3.63

36.重复步骤33，将另外两张图片素材移到灰色正方形内，自动生成图层"图层17"和"图层18"，效果如图5.3.64所示。选择工具栏中的横排文字工具 ，设置合适的文字字体及大小，在图像中输入文字，得到的图像效果如图5.4.65所示。

37.在网页的底部输入友情链接的网站，新建图层"图层19"，选择画笔工具 ，选择"T9 Greative Doodles"画笔，在画笔面板中调整笔头的角度和大小，在图5.3.66所示的位置绘制箭头形状。

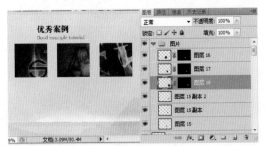
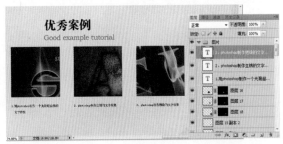

图5.3.64   图5.3.65

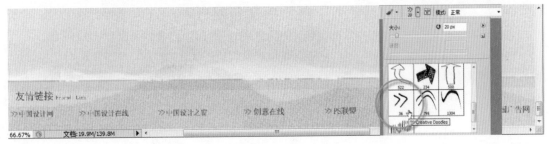

图5.3.66

38.打开随书所附光盘中名为"标志"的素材图片，将素材移到文件中，自动生成图层"图层20"，将该图层重命名为"标志"，将"标志"缩小到合适的大小，移到图中合适的位置，如图5.3.67所示。按单击【图层】面板底部的 *fx.* 按钮，在弹出的下拉列表中选择"斜面与浮雕"选项，参数设置如图5.3.68所示。

图5.3.67

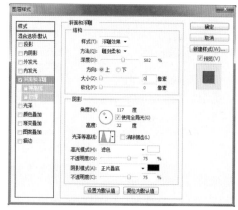

图5.3.68

39.将该图层的不透明度设置为42%，得到的效果如图5.3.69所示。现在，一个完美的自然手绘风格的《图像处理》课程网页界面设计就完成了。最终效果如图5.3.70所示。

图5.3.69

图5.3.70

5.3.3　操作习题

练习一：设计制作金华职业技术学院艺术设计学院首页。

参照本案例所学的网页版式设计和页面的色调处理方法，打开所附光盘中练习七文件中提供的图片素材完成金华职业技术学院艺术设计学院首页的设计制作。参考效果如图5.3.71所示。

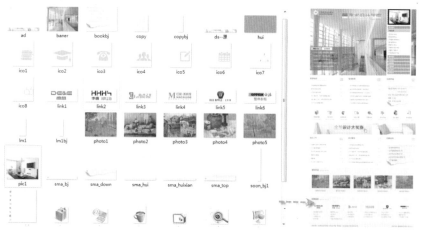

图5.3.71

练习二：《图像处理》课程网页界面设计。

要求学生按照所给的文字标题进行网页引导页和主页界面设计制作，要求用Photoshop软件独立完成。引导页尺寸：宽度980-1000像素，高度600像素。主页尺寸：宽度980-1000像素，高度不限。分辨率：72dpi / 英寸，模式：RGB，保存格式：psd，要求网页设计主题明确，层次清晰，主色调明确，色彩搭配和谐统一。首页三维导航设计创意新颖、制作精致，有一定的Photoshop的字效设计和图像合成特效设计。参考效果如图5.3.72所示。

提交内容与形式

1.完成《创意说明》一份（Word）

2.最终作品（包括JPG*1，PSD*1）

3.作品展示（PPT）

图5.3.72

5.4　学习拓展

5.4.1　技能延伸——利用切割制作网站欢迎页面

之前项目中的最后成果只是图片，不能作为网页来使用。现在我们要把在Photoshop中设计的网页效果图变为实实在在的扩展名为.html的网页文件，在不破坏视觉效果的基础上，实现网页中的一些基本功能，如导航、动画、超链接等。使用切片工具可以把设计好的网页图稿切成一片片的图像和一个个表格。这样可以让每张图像单独优化并且利于网络传输、下载。利用切片工具切出大致的网页框架后，还可以利用网页编辑工具Dreamweaver进一步编辑和调整。

图5.4.1

1.要把一张效果图变为网页，需要使用Photoshop 中的切片工具。使用工具栏中的切片工具 可以把图片切分成很多切片。其中操作者主动切出来的切片叫做用户切片，切片标识为蓝色，可以通过切片选取工具来改变用户切片的大小和位置。其余的切片叫做自动切片，切片标识为灰色。自动切片不能直接修改，切片选项是用来精确调整切片大小和位置的。

图5.4.2

2.这是一张华为手机的网页界面图，如图5.4.1所示。当一张效果图被切分为大大小小的切片后，通过Photoshop "文件" 菜单中的 "存储为web所用格式"，如图5.4.2所示。

3.使用Photoshop "文件" 菜单下的 "存储为web所用格式"，弹出图5.4.3所示的对话框。使用该对话框左上角的缩放工具先将整张图缩小，然后使用切片选择工具把整张图所有的切片全部框选，设置成JPEG格式，品质设置为100。

4.设置完成后单击其右上角的存储，弹出图5.4.4所示的对话框。选择保存在预先建立的站点文件夹website下，保存类型选择 "HTML和图像（*.html）"，命名为index.html，单击 "保存" 按钮。

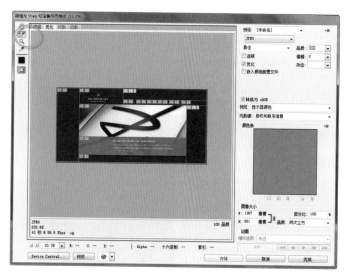

图5.4.3

图5.4.4

5.保存后website文件夹下会自动生成一个images文件夹，用来保存切片生成的单独图片，同时还自动生成了index.html的网页文件，如图5.4.5所示。这样就实现了效果图向网页文件的转化。

6.另外，如果需要改变存储图片的文件夹的名称（默认是images）、切片图片的命名方式等设置，使其符合站点的整体规划，也可以选择 "其他"，将在弹出的对话框中修改相关参数。如图5.4.6所示

图5.4.5

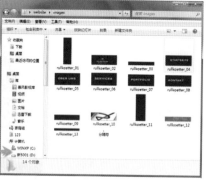

图5.4.6

5.4.2　创意延伸——经验总结

通过本章的学习，相信大家已经对网页设计与制作有了一定的认识，下面对网页设计作品的思维流程进行总结。

● 网站主题：设计前要注重前期工作，要确定网站的定位、网站类型、目的、核心用户和潜在用户。

视觉设计师需要在先了解网站的定位、目标用户和内容规划的基础上才能更好地把握页面的视觉设计。

- 界面风格：确定网页界面，要注意栏目与板块的编排。构建网站好比论文，首先要列出提纲，做到主题明确、层次清晰。不能拿到题材就立刻开始制作，不进行合理规划，致使网站结构不清晰，目录庞杂，版块混乱。制作前要仔细考虑每个栏目和版块的组织编排，这样有利于网页的版面设计。

- 导航设计：一个完整的导航系统包括全局导航、局部导航、辅助导航、上下文导航和远航导航。在网页设计中，必备的要素之一就是包括网站菜单在内的导航要素。导航要素应该比其他任何东西都更容易使用户得到直观的认识。所以作为设计师，务必要使网站用户能够更容易地理解和运用导航要素，并以此为目标。设计者应该充分认识到只有把导航要素设计得更直观、简单、明了，才能给用户带来最大的方便，如果不是那些追求艺术美感和试验性的网站，无论追求的东西是多么富有创意或多么新颖，如果把导航栏设计得很复杂难懂，它也很难成为一个优秀的网站。

网站菜单一般使用文本形式的超链接或应用图像。现在运用Flash交互特性的Flash导航菜单被广泛运用。导航文字一般要比较大，突出主题，如果使用Flash制作导航文字，或者使用特殊字体转换图片，则可以在一定程度上增加网页的艺术性。

- 网页文字：文字应该选择电脑系统中普遍显示的字体，网页中的字体除了要在图片或动画中显示的部分，其他都应该使用系统自带的宋体或黑体，其中较常用的是宋体。

5.4.3　创意延伸——优秀网页界面设计制作赏析

下面介绍几种典型的网页界面设计作品，以便大家在设计时借鉴与参考。

1. 手绘风格的网页设计

图5.4.7是星巴克咖啡韩国网站的首页设计。网站采用复古的咖啡色作为主色调，色彩搭配协调，显得温馨而又浪漫。以产品摄影与手绘相结合的表现手法，构成自由组合的版式。

图5.4.7

2. 食品类礼盒包装

图5.4.8这一网站是由点线面构成元素来设计的，网页中以点的大小、位置、聚散排列，给人带来不同的心理感受。网页标志出现在每一幅页面上，以突出主题。网页以高级灰色为主色调，以不同和灰色体现底色的层次感，衬托亮丽的色彩点的变化，有彩色与无彩色搭配给人以自然、统一、和谐的视觉感受。

图5.4.8

图5.4.9所示为国内领军品牌格力空调官网中的网页设计。格力空调主打节能、超薄技术和精美时尚化，为我们带来了不少纤薄的新产品。网站属于焦点型的网页版式，视觉形状环绕地球圆形，引导浏览者的视线，具有较强的视觉焦点的效果。网页色彩丰富，主色调以蓝色体现环保的信息，搭配和谐，使人感觉清新凉爽。

图5.4.9

图5.4.10这一网站属于骨骼型的网站，具有明显的规范、严谨的分割方式，采用五栏和三栏的竖向分栏结构，清晰有条理、富有弹性。页面以深灰黑色为主色调，背景设计、导航形式和按钮设计中辅以一定的质感设计，使黑色网页增加不少细节体现，不同灰色处理和细节描绘使页面呈现的效果达到了丰富统一。

图5.4.11这一网站属于典型的满版型网页设计，采用实体图片为背景进行满幅构图，方块图片作为点构成整个背景，形成面的感觉。点的图片有规律的排列组合，构成网站的导航系统。该网站构图独特、形式自由色彩搭配和谐、极富有趣味性。

图5.4.12这一网站属于典型的自由型网页设计，采用实体图片肌理为背景进行分层构图，导航系统设计自由随意，导航文字和主标题文字以底纹肌理分别制作纸肌理文字特效和沙画文字特效，网页细节丰富。该网站构图层次分明、形式自由、给人以清新自然的感觉。

图5.4.10

图5.4.11

图5.4.12